数据科学与大数据技术系列

大数据导论

——大数据思维、技术与应用

（第 2 版）

何　明　何红悦　罗　玲
禹明刚　徐　兵　刘　云　编著

電子工業出版社
Publishing House of Electronics Industry
北京•BEIJING

内 容 简 介

当前，大数据在政府决策、商业规划和科学研究等领域正发挥着重大作用，数字经济在国民经济中的比重越来越大，大数据已经成为重要的战略性资源，政府也提出了包含大数据中心在内的“新基建”概念。本书主要研究大数据思维，探索大数据创新应用，从大数据时代、洞悉大数据、大数据思维、大数据技术、大数据安全、军事大数据、大数据应用，以及大数据的未来等多维度、多层次、多领域展开诠释。本书提供 PPT，读者登录华信教育资源网（www.hxedu.com.cn）可免费下载。

本书可作为高等院校大数据、数据科学等相关课程教材，也可作为相关行业和学术领域研究者的参考书，还可供大数据初学者、大数据从业者和政府工作人员参阅。

图书在版编目（CIP）数据

大数据导论：大数据思维、技术与应用 / 何明等编著. —2 版. —北京：电子工业出版社，2022.1

ISBN 978-7-121-42180-8

Ⅰ. ①大… Ⅱ. ①何… Ⅲ. ①数据处理－高等学校－教材 Ⅳ. ①TP274

中国版本图书馆 CIP 数据核字（2021）第 204011 号

责任编辑：秦淑灵　　　　特约编辑：田学清
印　　刷：天津千鹤文化传播有限公司
装　　订：天津千鹤文化传播有限公司
出版发行：电子工业出版社
　　　　　北京市海淀区万寿路 173 信箱　　邮编：100036
开　　本：720×1000　1/16　印张：13　字数：247.2 千字
版　　次：2019 年 11 月第 1 版
　　　　　2022 年 1 月第 2 版
印　　次：2022 年 1 月第 1 次印刷
定　　价：59.00 元

凡所购买电子工业出版社图书有缺损问题，请向购买书店调换。若书店售缺，请与本社发行部联系，联系及邮购电话：（010）88254888，88258888。

质量投诉请发邮件至 zlts@phei.com.cn，盗版侵权举报请发邮件至 dbqq@phei.com.cn。

本书咨询联系方式：qinshl@phei.com.cn。

第2版序

当前，大数据发展日新月异，我国政府于2020年4月将数据作为与土地、劳动力、资本、技术并列的生产要素，要求加快培育数据要素市场。数据要素是驱动数字经济发展的“助燃剂”，对价值创造和生产力发展有广泛影响，可推动人类社会迈向一个网络化连接、数据化描绘、融合化发展的数字经济新时代。

我国关于数据安全的首部法律《中华人民共和国数据安全法》于2021年9月1日起施行，这标志着我国在数据安全领域有法可依，为各行业的数据安全提供了监管依据。我国将按照“总体国家安全观”的要求，建立健全数据安全协同治理体系，促进数据出境安全和自由流动，促进数据开发和利用，保护个人、组织的合法权益，维护国家主权、安全和发展利益。

早在第二次世界大战期间，就有数学家和物理学家使用大数据克敌制胜的故事；现在，中国人民解放军陆军工程大学开设了大数据工程专业并在军事大数据领域取得了骄人成果；未来，在智能化与无人化条件下，战场环境日益复杂，多维战场空间中的数据规模将呈爆发式增长。军事大数据驱动战争加速变革，运用大数据透视“战场迷雾”，以数据赋能战斗力，指挥员在未来战场上将更加“耳聪目明”。

“得数据者得天下”，数字主权早已成为国家之间博弈的空间。正是在以上背景下，中国人民解放军陆军工程大学拔尖人才何明教授及其科研团队完成了《大数据导论——大数据思维、技术与应用》（第2版）的编写工作，在第1版的基础上新增了“大数据安全”和“军事大数据”等章节，更新了数据要素和“新基建”等内容，补充了大数据在新冠肺炎疫情防控、社会治理现代化等方面的应用。

该书具有“高、新、特”三个亮点：“站位高”，以国家新的战略和法律为依据；“内容新”，涵盖新的概念、技术和应用；“有军事特色”，诠释了军事大数据。值得一提的是，该书的观点是思维高于技术，并在第3章提出了四类大数据思维，令人耳目一新。

该书适合作为高校教材，也可作为管理人员学习大数据的培训资料。希望大家都能成为大数据的受益者，祝愿我国数字经济飞速发展、国防军事日益强盛。

郝跃

中国科学院院士

2022年1月

第 1 版序

《大数据导论——大数据思维与创新应用》是中国人民解放军陆军工程大学青年学者何明教授及其科研团队的又一佳作，也可看作《互联网+思维与创新》一书的姊妹篇。正如本书作者所言："大数据好比价值密度低的'贫矿'，大数据应用好比'沙海淘金''大海捞针'，其间充满了不确定性和偶然性。"因此，大数据思维的出发点是"变废为宝"，从海量的、看似无用的数据中发现潜在的利用价值。与传统的小数据相比，大数据来源广泛、获取容易，但对其进行挖掘和利用要困难得多。在信息社会中，数据被视为与物质、能量同等重要的社会资源，而大数据更是一种稀缺资源，不同数据均弥足珍贵，只是在价值的显现程度上有所差异。因此，我们不能对大数据视而不见或毫不吝惜地丢弃海量数据。大数据思维有助于拓展我们对数据价值的认识，更重要的是启示我们要善于发现大数据、关注大数据、管好大数据。

该书多次强调，与传统的数据分析相比，数据挖掘得到的是关联关系而不是因果关系。许多看似毫不相关的事实，其背后隐藏着千丝万缕的联系。从哲学意义上讲，大数据分析是用宏观整体思维代替抽样统计思维，用有偏差的数据分析代替精确的数值计算，用定量的计算思维代替定性的理性思维，用相关性改变人们长期以来对因果关系的偏爱，是认识论的一次深刻转型。人们通过大数据可获得万物间相互联系的特殊规律，这些规律有一定的预见能力，丰富了人们的知识，但大数据的不足之处是缺乏演绎能力，人们只知其然，而不知其所以然。经过实践的检验，这些规律或许被认为是客观规律，或许需要进行二次解读或理性分析。总之，数据挖掘已成为科学研究的第四范式，是对实验观察、理论推导、模拟仿真等方法的补充。但我们不能满足于只发现关联规律，只有揭示了数据内在的因果关系，才能更深入地理解和科学地运用这些客观规律。

该书专辟一章论述大数据技术。大数据技术本身不是一门学科，而是一种方法，它与云计算、机器学习等新技术密切相关。面对海量异构、动态变化、质量低劣的数据，传统的数据处理方法难以为继，而新的处理技术还不够成熟。与国外相比，我国在大数据技术方面还有一定的差距，但也有相对优势，如有广泛的大数据资源，网民的数量位居世界之首，还有的省市成立了"大数据发展局""大数据管理局”，许多智慧城市建设将大数据应用作为亮点……我们有理由相信，在技术、产业的相互促进下，我国的大数据应用必将后来居上。

该书虽冠名“大数据”，但在介绍典型产业的创新应用时，也包含小数据的运用。平心而论，两种数据之间并无严格的界限，在发展数字化、信息化的道路上，小数据的共享、挖掘、安全等问题还没有得到很好的解决，大数据又提出了新的挑战。为此，不少学者呼吁，在数据资源利用上，不能抓“大”放“小”、盲目跟风，对大数据创新应用的期望值不宜过高，更不能减少对小数据创新应用的研究。

该书深入浅出，并配有大量的应用案例，可作为规划、管理人员理解大数据的入门指南，也可作为大数据教学、科研人员的参考资料。随着我国信息化建设的深入和普及，我们相信将有新的素材、新的案例不断补充进来，使该书内容更加翔实。在此，谨祝愿我国大数据应用之树枝繁叶茂，祝愿我国大数据产业发展日新月异。

戴浩

中国工程院院士

2019 年 11 月

前　言

该书出版一年有余，其间各行业纷纷借助大数据来实现经济和产业的转型发展。一时间，人人都可以是数字经济的生产者，也可以是数字经济的消费者。大数据已经成为国家经济社会发展的战略性资源，我国继续运用大数据加强社会各领域建设，提出了包含大数据中心在内的“新基建”概念，并在政府工作报告中表示重点支持该建设。大数据在社会各行业的渗透越来越深，深刻影响着人们的社会与经济生活。

随着新概念、新技术的更新变化，大数据在各领域的作用越来越突出。例如，在新冠肺炎疫情防控中，大数据在人员跟踪、市场监管等方面发挥了重要作用；在军事上，军事大数据建设也被放在了迫切、急需的位置。因此，我们对《大数据导论——大数据思维与创新应用》这本书进行了更新和充实，编写了第 2 版。与第 1 版相比，第 2 版的创新之处包括以下几个方面：创新提出了四类大数据思维（第 3 章）；对“新基建”、数据要素等新概念进行剖析，加深了对大数据内涵的理解；新增了军事大数据（第 6 章）；新增了“人工智能+大数据”、区块链等技术；新增了大量大数据应用案例，选取军事作战、社会治理、医疗健康、农业农村等行业的创新案例，阐述了大数据在相关行业的应用。

全书内容经过多次讨论和修改才得以定稿，力求系统地梳理国内外大数据相关成果，创新大数据思维，做到逻辑严谨、文字顺畅、深入浅出，以期为大数据从业人员、研究人员和政府决策人员提供借鉴和启发。

感谢江苏省社会公共安全应急管控与指挥工程技术研究中心、江苏省社会公共安全科技协同创新中心和江苏省应急处置工程研究中心为本书的编写提供案例支持。本书的出版得到国家重点研发计划 2018YFC0806900，国家自然科学基金青年科学基金项目，中国博士后科学基金会资助项目 2018M633757，江苏省重点研发计划 BE2018754、BE2019762、BE2020729 等项目的支持。

感谢在编写本书的过程中各位专家对本书提出的宝贵意见。特别感谢我的博士后导师戴浩院士，他以严谨的学术态度认真审阅了书稿，并对书稿提出了细致且有针对性的修改意见，使本书增色不少。

尽管在编写本书时投入了大量的资源和精力，但书中难免存在错误和疏漏之处，敬请广大读者批评指正。

最后附上江苏省科技厅的李汉中创作的描述大数据的歌曲——大数据之歌。

天上的星星看得见，
大海里的水摸得着，
你看也看不见，摸也不摸着，
却一直在我们身边。
Big data big data，
它并不是一个神话，
Big data big data，
也从没有半点虚假。
不管是 VR 还是 AI，
所有的基础都是它，
Big data big data，
隐藏着智慧的密码。
大数据啊大数据，
你是科学实验的乐谱，
你是技术创新的道路，
记录了成功记录着失败，
将真理的力量永远澎湃。

天上的星星数得清，
大海里的水能称量，
你数也数不清，量也没法量，
充满世界每个角落。
Big data big data，
它并不是一个神话，

Big data big data，

也从没有半点虚假。

不管是 VR 还是 AI，

所有的基础都是它，

Big data big data，

隐藏着明天的密码。

大数据啊大数据，

你是匆匆岁月的脚步，

你是回眸历史的角度，

穿越天地穿越古往今来，

把世界装扮得更加精彩。

何　明

2022年1月

目　录

第1章

大数据时代——日新月异

随着信息通信技术（Information Communication Technology，ICT）的快速发展，数据采集便捷、数据量暴增、数据传输提速、数据价值凸显，一个崭新的时代正悄然来临。世界正从信息时代迈向大数据时代，数据驱动的“感知现在”和“预测未来”展现出的巨大价值，正激发大众对大数据孜孜不倦的探索。

1.1 大数据的崛起

1.1.1 数据大爆炸

大数据赋予了人们理解摩尔定律的新视角。电子领域的摩尔定律的核心内容为：集成电路（Integrated Circuit，IC）上可容纳的晶体管数目大约每两年增加一倍。与此极为相似的是，在大数据时代，数据生成量每两年增加一倍，甚至有过之而无不及。物联网、云计算、人工智能、区块链等新兴技术有助于提升数据采集、分析、存储和处理的速度和精度。截至2020年，全球数据总量达到约50.5ZB（ZB为计量单位，1ZB约等于10亿TB），如图1-1所示。其中，我国数据量达到9ZB，约占全球数据总量的18%。全球数据正在呈指数级增长，已经真正进入“数据大爆炸”的时代，每时每刻都有数以千万计的数据产生，预计到2025年，全球数据总量将达到163ZB。

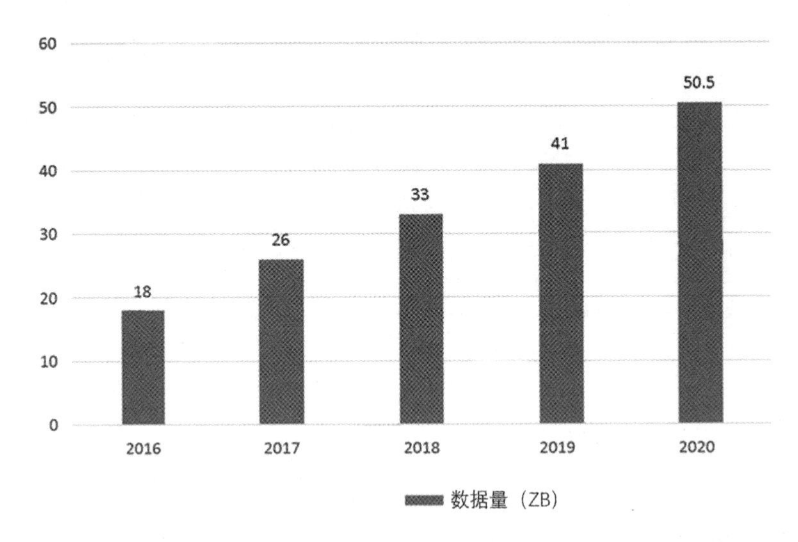

图 1-1　全球数据总量

人类一方面遨游在数据的海洋里，享受着数据发展带来的福利，另一方面不得不忍受“数据大爆炸”带来的困扰：过多的无关数据侵占着视觉和听觉渠道，消耗着精力，而查找自己需要的数据，又要花费大量的时间和精力。在“数据大爆炸”的时代背景下，通过大数据技术对收集到的数据进行严密且富有逻辑的整理、分析、关联，发掘出具有价值和意义的信息，就显得特别重要。例如，音乐平台可以根据听众的听歌习惯和风格推荐个性化的歌单，新闻媒体软件可以推送读者感兴趣的新闻广告，电子商务平台可以根据消费者的购物记录推荐相同款式和风格的衣服等。

1.1.2　小数据与大数据

从广义上讲，大数据通常是大规模结构化、半结构化与非结构化数据混杂的集合；而小数据通常是结构化数据的集合，数据格式比较固定，聚焦的对象和用户也有限。

除了表示局部、单一的传统样本数据集，对小数据外延的理解还包括以单个对象为中心的全面数据及其采集、管理、分析和可视化的相关技术系统。例如，个人产生的数据，包括生活习惯、兴趣爱好、社交活动、房产财务、出行轨迹等，经过采集、清洗、存储，利用相关挖掘与分析技术处理后，形成独具个人特色的数据集，可展示给个人或其授权者使用。小数据的特点在于面向单个对象，聚焦挖掘深度信息，对单个对象的数据进行全方位、全时段的分析与处理。

从技术与应用的视角来看，大数据与小数据主要有以下区别。

（1）大数据重总体广度，小数据重个体深度。大数据注重对某个领域或行业大范围、成规模地进行数据的全面采集和分析，力求实现“全样本”，聚焦数据广度，如社会治理、智慧城市、政府服务等领域的大数据分析。而小数据则注重对单个对象系统地采集个体数据，进行深入、精确的剖析，并提出个性化的建议，聚焦数据深度。

（2）大数据重关联预测，小数据重因果推理。大数据通常关注现象而不深究因果，更关心数据的相关性预测及其解决方案。大数据的分析方式是一种在一堆混杂无序的数据中找到其隐藏趋势的预测过程，亦是一种知识发现过程。大数据分析获取的往往是那些不能靠直觉经验或因果规律推理得出的结论，越是看似无关就越可能挖掘出数据背后隐藏的价值。而小数据更关注因果机理和规律，更关心数据表征的内在原理。小数据分析解决问题的过程可视为一种决策过程，有时需要专家的具体指导，强调在现有或假设理论的支持下，提出或改进针对个体的解决方案。

（3）大数据重效率感知，小数据重精确剖析。大数据一般更关注区域总体上的感知，通过实时分析及网络可视化技术，尽可能实时呈现大规模数据的演变趋势，处理效率高、数据包容性强、感知范围广。例如，市场金融、网络舆情、疫情防控等领域的大数据应用可极大地提高效率。相比大数据的不精确性和混杂性，小数据处理的对象是个体，更关注数据的真实性、无偏性和代表性，因此通常对数据来源有预设的、细致的筛选，数据分析更精确。“失之毫厘，谬以千里”的悲剧对个体的影响是不可估计的。

同时，大数据与小数据也具有以下共性。

（1）随着统计分析和机器学习技术的发展，非线性建模、复杂网络分析、实时数据可视化分析等技术手段已成为两者认识感知对象的共同途径，且两者都关注对个体数据的挖掘，在个性化定制、定向精准营销、话题传播分析等应用领域互有交叉。

（2）两者处理的数据大部分带有时间属性，具有很好的预测价值。例如，许多企业和机构采集社交网络的海量数据和包含个人属性特征的标签，研究与预测话题演化、网络舆情、产品需求趋势，以进一步研究与预测对象的态度和行为。

（3）两者的获取都需要考虑减少人力成本，要提供自动化数据输入方式，提高使用舒适度。此外，还需要制定通用数据标准，以保证不同系统设备的数据能够整合。

（4）大数据需要保护国家隐私，在政府部门、行业监督机构或企业等不同权限的用户使用时，要关注国家安全，避免敏感信息泄露；小数据需要保护个人隐私，在个人用户使用时，要关注个人生命财产安全。

数据需求的定制化、个性化是当前的趋势，因此小数据不是大数据的简单小型化，而是大数据的补充和延伸，大数据与小数据的紧密结合是大数据发展的关注点。

1.2 大数据的成长

数据（Data）处理的关键是提炼信息（Information），而信息的关联是知识（Knowledge）。当提炼信息、提炼知识能做到“自动化”时，知识的完备性大大增强，就可以实现信息感知、决策和执行的自动化和智能化。此时，机器就可以代替人类做很多工作，人类可以将精力放在自身更加擅长的领域，如创造、沟通和情感等。

1.2.1 数据

数据是文明的基石，人类文明最初就伴随着对数据的使用。早期人类获取的数据主要通过观察周围的客观事物而来。公元前 26 世纪，古埃及人已经具备从数据中构建数学模型的初步能力。古埃及人观察天象，并以观察数据为基础创立了天文学，根据天狼星和太阳同时出现等现象来判断农耕的时间和节气，以此判定洪水可能漫及的边界和时间。中东两河流域的苏美尔人利用所获得的天文观测数据构建数学模型，能够计算出月亮和五大行星的运行周期，并且能够预测日食和月食。

由此可见，数据是事实或观察的结果，是用来表示客观事物的素材，是对客观逻辑规律的归纳。狭义的数据指的是数字，是通过观察、实验、测量等手段得到的数值；广义的数据还包括文字、语音、图像、视频等。从离散程度来说，有些数据是连续的，如语音、视频等，称为模拟数据；有些数据是离散的，如文字、符号等，称为离散数据。在当前的电子计算机系统中，所有的数据都是离散的，并且计算机只使用由二进制数 0 和 1 组成的比特流来表示。

由于过去数据量不足，积累大量数据需要的时间太长，以至于在较短的时间内数据发挥的作用并不显著。同时，数据和所需信息间的联系一般是间接的，须分析不同数据之间的相关性才能挖掘出来，通过概率论和统计学等构建数学模型，间接地获取目标信息。例如，为了更好地掌握新冠肺炎疫情的传播情况，可以通过纵向串联被感染者的授权位置数据，有效梳理其生活移动轨迹等个体数据，精准追踪疫情传播路径、定位感染源；通过采集被感染者各类社交平台、通信网络、通话记录、转账记录等数据，构建个体关系图谱，追踪被感染者人群接触史，锁定被感染者曾经接触过的人群，以便及时采取隔离、治疗等防控措施，避免疫情更大范围扩散。

1.2.2　信息

信息是指通信系统传输和处理的对象，是关于世界、人和事的描述，比数据更为抽象。信息既可以是人类自身创造的事物，如文字记录，也可以是天然存在的客观事实，如树木的高度。只要事物之间存在相互作用，就会产生信息。

信息论创始人克劳德·艾尔伍德·香农（Claude Elwood Shannon，以下简称“香农”）认为，信息是用来消除随机的、不确定的东西的。控制论之父诺伯特·维纳（Norbert Wiener）认为，信息就是信息，不是物质也不是能量。哈佛大学的研究团队给出了著名的资源三角形理论：没有物质，什么都不存在；没有能量，什么都不会发生；没有信息，任何事物都没有意义。

信息是可以被度量的，香农在《通信的数学原理》中提出“信息熵”这一概念，可以量化信息的作用。即对于任意一个随机事件 X，其信息熵定义为：

$$H(X) = -\sum_{x \in X} P(x) \log P(x)$$

其中，x 为事件 X 可能发生的结果，$P(x)$为发生的概率。也就是说，事件的不确定性越大，对应的信息熵就越大，如果要把事件确定下来，需要的信息量也就越多。由此可见，信息熵将信息和世界的不确定性，或者说无序状态联系起来了。

数据和信息虽有相通之处，但仍存在区别。数据是信息的载体，但并非所有的数据都承载有用的信息。数据可以任意制造，甚至可以伪造，没有信息的数据没有意义，而伪造的数据则有反效果，如为了优化网页搜索排名而人为制造出来的各种作弊数据。在实际中，有用的数据、无意义的数据和伪造的数据常常是良莠不齐的，后两种数据会干扰人们获取有用的信息。因此，如何处理数据，筛除无用的“噪声”，删除有害的数据，发掘数据背后的有用信息，就成为关键技术。

1.2.3 知识

一般认为，知识是人类在实践中认识客观世界及自身的成果，包括对事实、信息的描述或在实践中获得的技能。它具有一致性和公允性，可以被视作构成人类智慧的最根本因素。知识的获取过程涉及感觉、交流、推理等复杂手段。柏拉图对知识有一个经典的定义：一条陈述能被称为“知识”必须满足以下三个条件——一是被验证过的，二是正确的，三是被人们相信的。

知识比信息更加抽象，通过对数据和信息进行处理，就可以获得知识。例如，通过观察与测量行星的位置和时间获得数据，通过对数据的统计分析得到行星运动的轨迹，即信息，通过信息提炼挖掘得到开普勒定律，就是知识。人类社会的进步就是总结并善用知识，不断地改造世界、改变生活，而数据和信息就是知识的基础。

同时，知识不是信息的单纯叠加，通常需要加入基于以往经验进行判断。因此，知识可以解决更加复杂的问题，回答“如何做”的问题。在特殊背景或语境下，知识将数据与信息、信息与信息在行动中建立起有意义的关联，体现信息的本质、原则和经验。

1.3 大数据战略

随着“得数据者得天下”的观念逐渐深入人心，世界各国之间的竞争已不再局限于资本、土地、人口等传统资源领域，数据资源成为一种新型的战略性资源。当前，不少国家已经将大数据上升为国家意志，在战略层面进行整体筹划布，局、全面研究推进和精心组织实施，以利用大数据来提升国家战略能力和整体治理能力。

1.3.1　国外战略

开发与利用大数据的能力已经成为衡量一个国家综合实力的重要组成部分。一个国家一旦掌握了数据的主动权与主导权，就能赢得未来，否则会处处受制于人。“棱镜门”事件清楚地警示人们，数字主权早已成为国家之间博弈的空间，在这个没有硝烟的战场上，失败的代价是任何国家都难以承受的。因此，很多国家和地区将大数据视为重要的战略性资源，有针对性地部署各自的大数据战略。

1．美国

美国作为信息技术创新的引领者，在大数据领域一直走在全球前列，已经将大数据技术视为提高国家竞争力的关键因素，多年前就把大数据研究和应用提升到国家战略层面。

美国的大数据建设与应用始于政府数据开放。2009 年，为方便民众使用各类政府数据、提高政府数据的透明度，美国设立了 Data.gov 网站，开放了政府和企业收集的海量数据，涵盖大约 50 个细分门类。为了规范和指导大数据的研究与应用，2012 年发布了《大数据的研究和发展计划》。

2014 年 5 月，针对前期大数据发展中取得的经验和遇到的问题，美国政府发布了白皮书《大数据：把握机遇，守护价值》。该白皮书阐述了美国当时的大数据应用状况及政策框架，并提出了改进建议，在积极肯定大数据发展取得的丰硕成果的同时，客观地指出应警惕大数据对隐私、公平等长远问题带来的负面影响，这也从侧面反映出美国政府对大数据发展中潜在的风险并未做好准备，“希拉里邮件门”事件就是例证。

2016 年 5 月，为加速“大数据研发行动”进程，美国政府发布了《联邦大数据研发战略计划》，在影响和决定国家社会发展的核心领域部署、推进相关大数据建设。该计划面向联邦机构，包括七项战略，如图 1-2 所示。

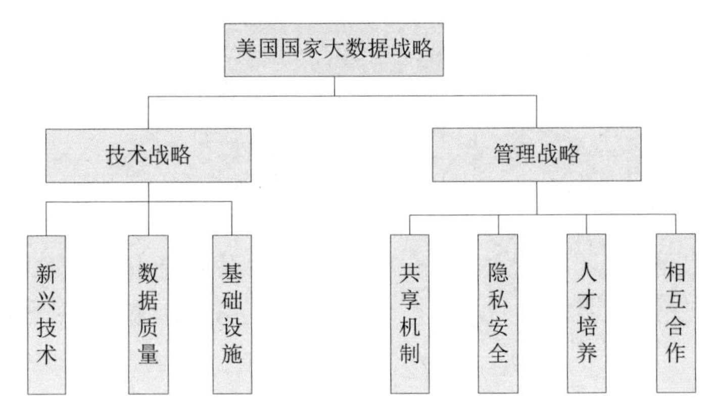

图 1-2　美国国家大数据战略

2019 年 6 月，美国政府发布了《联邦数据战略第一年度行动计划（草案）》，旨在指导联邦机构如何利用计划、统计和任务支持数据作为战略资产，从而促进经济发展，提高联邦政府的工作效率。

纵观美国国家大数据战略部署，其依托强大的科技实力，以各领域的海量数据为“原料”，以数据挖掘与分析技术为“手段”，构建成纵横交错的数据驱动战略体系，提高了社会效率和国家竞争力。

2. 欧盟

欧盟发展大数据有其独特优势，如高水平科研机构林立、顶尖人才众多、硬件基础设施相对完善等，但也面临数据层级复杂、各国数据难以共享等难题。2015 年 1 月，欧盟大数据价值联盟正式发布了《欧盟大数据价值战略研究和创新议程》。该议程指出欧盟在建立良好的大数据生态系统方面所需面对的七大挑战和四大应对机制，如图 1-3 所示。

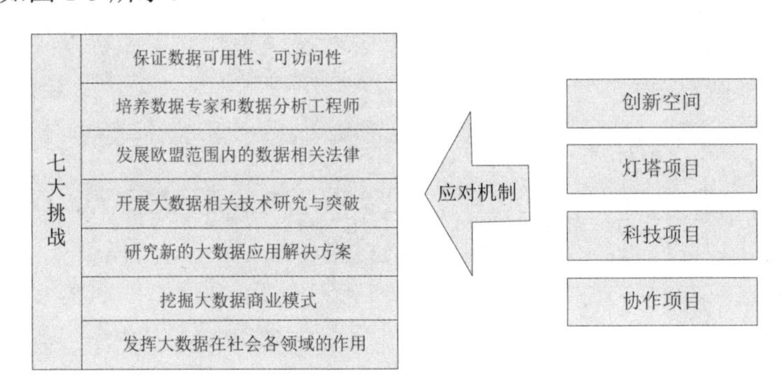

图 1-3　《欧盟大数据价值战略研究和创新议程》中的挑战及应对机制

2018 年 1 月，欧盟委员会制订了建设欧洲高性能计算基础设施的计划。此计划将与部分综合实力较强的欧盟成员合作，共同投资 10 亿欧元用于技术研发和硬件部署，力争在前期建设的基础上，继续推动高性能计算基础设施的建设。欧盟希望通过实施该计划，为各成员提供便捷、可靠的高性能计算机接口，推动欧盟大数据战略高速发展。

2020 年 2 月，欧盟委员会发布了《欧洲数据战略》，阐述了欧盟未来五年实现数字经济所需实施的重要举措。其中的数据战略旨在统一欧盟数据市场，涵盖数据访问和数据使用的跨部门治理，加大数据领域投资，提升大数据技术和基础设施建设能力，在战略性部门和公共利益领域构建共同的数据空间。

1.3.2　国内战略

我国的大数据建设目前尚处于发展阶段，既面临前所未有的历史机遇，也面临难以预测的风险和挑战。因此，只有迎难而上，把握时机，直面挑战，强化多要素、多部门、各领域协同联动，才能推动我国大数据建设又好又快发展。

1．发展规划

2017 年 1 月，工业和信息化部正式印发了《大数据产业发展规划（2016—2020 年）》。该规划针对当时我国大数据面临的五大问题，提出了七大任务和八大工程，最终实现五个分级目标，其内容架构图如图 1-4 所示。

随后，国务院、国家发展和改革委员会、工业和信息化部、交通运输部、农业农村部、生态环境部等各部委先后颁布了相关大数据政策，推动大数据产业发展。随着《大数据产业发展规划（2016—2020 年）》等一系列配套政策的贯彻落实，我国大数据产业发展环境持续优化，产业生态日趋完善。

2．战略蓝图

要成为数据强国不能一蹴而就，观念和思维方式的转变更不是一朝一夕的事情。因此，我国要打牢大数据发展的根基，真正让“云端”的理念落到实践的沃土上。

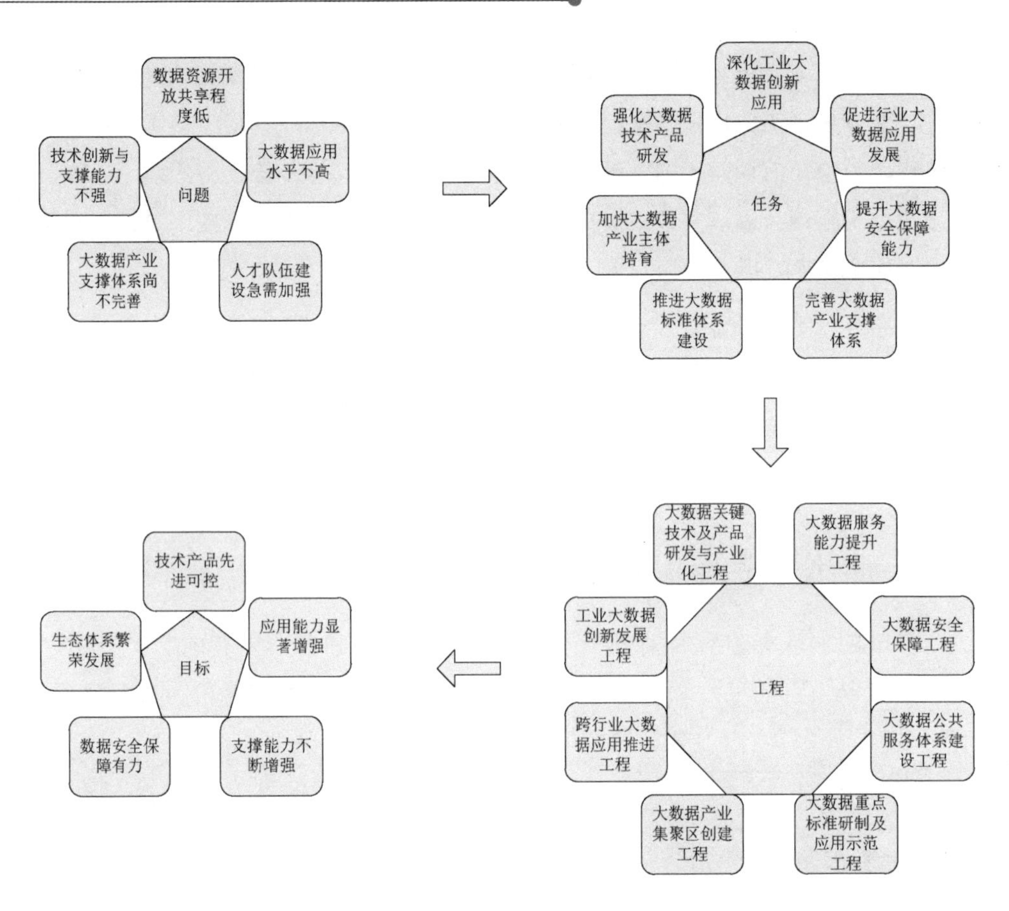

图 1-4　《大数据产业发展规划（2016—2020 年）》内容架构图

2013 年，“一带一路”倡议提出，为大数据产业的合作发展与运用提供了新的平台与契机。首先是通信基础设施建设，中国—缅甸国际陆缆、亚非欧国际海缆、SMW5 海缆和 APG 海缆等一系列项目正如火如荼地开展。这些项目不仅将我国相关的技术优势展示给全世界，更让“一带一路”沿线海量数据的汇集与传递成为可能。其次，在“一带一路”建设过程中会产生海量的异构数据，非结构化数据与结构化数据掺杂的情况也会更加突出。传统的处理手段已经无法应对，大数据技术的优势不断显现。通过对多领域异构数据的收集、整合，利用大数据分析技术挖掘潜在的价值，能为“一带一路”建设提供新的助力，可谓相辅相成。

1.3.3 数据要素

当前，数字经济已经成为世界经济发展的主角之一，并进入高速增长的快车道。数据作为数字经济的核心生产要素，正在成为创新发展的突破口。2020 年 4 月，中共中央、国务院发布了《关于构建更加完善的要素市场化配置体制机制的意见》，将数据纳入生产要素范畴。

将数据作为生产要素参与分配，可以进一步激发数据这一生产要素参与生产活动，加快经济发展速度；还可以进一步推动大数据发展和应用，鼓励产业创新发展，推动大数据与科研创新的有机结合，形成大数据产业体系，完善大数据产业链。科学确定和量化数据在生产活动中所扮演的重要角色是进一步释放数据价值的关键。将数据作为生产要素参与分配实质上就是将其作为一种激励制度，最大限度地释放和利用数据的价值，充分发挥数据要素的生产活力。

当前，数据参与分配需要协调和处理好的关系包括以下三项。

（1）数据产权的关系。数据价值链包括数据的采集、存储、清洗、整理、分析、共享等环节，由于各环节的参与者可能不同，因此在分配时需要兼顾多方，特别是数据采集者、加工者与内容所有者的产权确认。

（2）数据共享和数据权益保护的关系。数据共享是提高数据利用效率的要求，但加强数据权益保护，特别是保护个人隐私信息，又是产权方的要求。处理好两者之间的关系，既要高度保护个人隐私信息，又要推进脱敏数据的广泛利用；既要依法保护私有数据产权，又要促进公共数据向社会开放共享。

（3）数据参与分配需要法律制度的保障。我国应建立健全数据这一无形资产相关的财产界定、审计核准、评估制度，建立有力的数据监管机制，建立健全个人隐私信息保护和数据产权保护制度，推动数据的有效治理。

1.4 挑战与机遇

尽管大数据给人类的生产生活带来了翻天覆地的变化，但是受数据质量、分析技术和接受程度的限制，大数据在新时代面临以下挑战与机遇。

1.4.1 数据的挑战与机遇

在实际应用中，大数据的获取较难，同时质量也难以保证。通常在收集数据时，仅针对某几个具体指标进行，如果长期依赖于部分维度的数据进行分析，预测结果就会因为数据的不全面而产生偏差。在庞大的物联网中，设备有一定的损坏率，这些设备会收集一些错误或偏差很大的数据，同时收集数据的终端传感器若存在误差，也将导致数据的准确性降低。此外，数据在网络中传输有一定的误码率，尽管误码率非常低，但如果长期不进行数据的校验，或者少部分关键性信息发生错误，就会对数据分析结果产生较大影响。

但也要看到，针对某些特定领域的总体决策问题，“全样本”数据的获取成为可能，传统“小数据”分析需要的数据假设前提将不复存在。同时，呈指数级增长的非结构化数据和实时流数据的盛行，使大数据的数据处理对象发生了极大的变化。通过处理速度极快的数据采集、挖掘与分析，从异构、多源的大数据中获取高价值信息，提供实时精准的预测预警，形成支持决策的“洞察力”，将是大数据带来的最好机遇，也是大数据系统的发展方向。

1.4.2 技术的挑战与机遇

目前，数据挖掘与分析的算法可采用机器学习的方法。机器学习依赖于收集的大数据不断地进行迭代学习并更新学习模型的参数，其局限性是难以创造新的知识，只能挖掘数据固有的规律和联系。学习效果的好坏取决于学习模型的选择，良好的学习模型能收获较好的结果；若模型选择不当，即使计算和迭代的次数再多，也难以得到理想的结果。同时，在利用大数据驱动决策时，需要将决策问题模型化，做出一些合理性假设，忽略影响不大的因素，抓住关键问题和主要矛盾。在这个过程中，某些合理性假设未必合理，这将导致决策结果出现偏差。

同时，大数据的出现使传统数据存储管理和挖掘分析技术难以适应时代发展的要求。这就需要大数据研究者和使用者应用新的管理分析模式，从非结构化数据和流数据中挖掘价值、探求知识。大数据需要存储，加速了 HDFS、BigTable、云存储等技术的发展；大量的并发数据事务处理，催生了非关系型数据库；众多的数据需求分析处理，发展了 MapReduce、Hadoop、边缘计算等处理技术；数据的实时性计算需求，加速了超级计算机和云计算技术的发展；大数据的安全隐私，加速了区块链技术的应用。此外，大数据与人工智能、地理信息、图像处理等多个研究领域交叉、融合，展现了基于数据驱动的大数据技术的美好前景。

1.4.3 用户的挑战与机遇

通过对大量用户数据的分析，可以有效提升用户服务水平。但是，大数据平台采集的用户数据是一个具有价值的整体，每个人都想使用大数据，但又因隐私原因，不想让别人得到自己的数据。既想用，又不想付出，这是人们面临的矛盾。数据交换需求与安全管理要求的矛盾，无论是对用户隐私还是对数据本身，都成为具有争议的灰色地带。如何在数据挖掘和个人隐私保护之间寻求平衡，是大数据需要解决的难题。

大数据产业正在走向成熟化和大众化，数据让生活更加便利，它在各行各业已经有广泛的应用。例如，基于大数据理念的农作物病虫害监测预警，通过采集气候、菌源等与病虫害相关的数据，并进行综合分析，将大幅提高预测病虫害暴发时间和区域的准确率，可缩短防护工作时间，挽回农业病虫害损失。在社会安全方面，公安部门利用大数据和人工智能技术，抓捕犯罪嫌疑人，开展诈骗预警，保护人民的生命和财产安全。2020 年新冠肺炎疫情期间，依赖大数据技术，很多省市和居民小区纷纷建立“互联网+智慧社区”，小区居民在智慧社区平台实名注册登记并进行人像信息采集后，进出小区可人脸识别并测温。这些数据也为疫情防控和人员流动提供了有力保障。

1.4.4 行业的挑战与机遇

目前，在大数据应用方面，大多数企业还处于初级阶段，个别企业已经进入深度应用阶段。运用大数据辅助决策对于绝大部分行业来说，都是新时期竞争优势的创造源泉。数据驱动的系统在处理特定问题时，可以做出更优的决策。

以电信行业为例。一方面，目前电信行业面临大数据处理分析流程复杂、实时分析困难、安全和数据治理多变、收入损失持续等挑战，大数据相关技术和工具还未成熟，人力资源管理和其他部门在使用大数据时也面临存储、分析和管理方面的挑战；另一方面，得益于大数据技术的运用，电信行业获得了许多机遇，如运用大数据分析技术，提高客户忠诚度、预测和减少客户流失、提供追加销售和交叉销售、优化网络和为客户提供个性化服务等。

第2章

洞悉大数据——庖丁解牛

真正理解大数据的内涵和外延，是应用和深化大数据技术的必要前提。人们可通过融合历史数据与当前数据、挖掘潜在线索与模式，来揭示事物发展的演变规律，进而预测事物的发展趋势。本章从大数据的基本概念着手，全面阐述大数据的内涵、外延、相关术语、特征、价值、标准化、应用等。

2.1 对大数据的理解

2.1.1 大数据的内涵

1. 大数据的定义

大数据是一种规模大到在获取、存储、管理、分析方面大大超出传统数据库软件工具能力范围的数据集合。百度百科对它的描述是，所涉及的资料量规模巨大到无法透过目前主流软件工具，在合理时间内达到撷取、管理、处理并整理成为帮助企业经营决策更积极目的的资讯。

2. 大数据的“三元世界”

宏观上讲，大数据是连接物理世界、信息空间和人类社会的桥梁。物理世界通过互联网、机器感知等现代信息技术以大数据的形式投影在信息空间中，而人类社会则借助人机交互、移动互联网等手段在信息空间中产生大数据映像。融合了“三元世界”的大数据具有规模大、关系复杂、状态演变等显著特征。

3. 数据循环

数据循环如图 2-1 所示，这个过程是从数据生成到通过数据采集、数据存储和数据分析实现数据可视化。

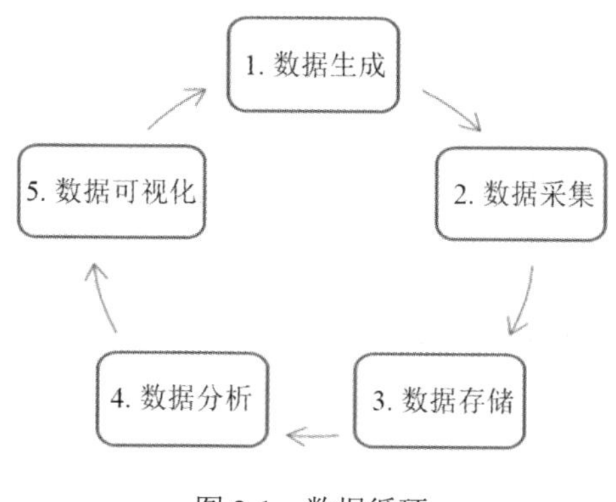

图 2-1　数据循环

（1）数据生成：从各种来源（传感器、视频、数据流等）收集数据。

（2）数据采集：通过选择数据（选择对分析有用的相关数据）和预处理数据（检测，清理，过滤不必要、不一致的数据）两种方式，从数据中获取信息。

（3）数据存储：持续存储。

（4）数据分析：使用定性和定量技术得出可用信息。数据分析流程如图 2-2 所示。

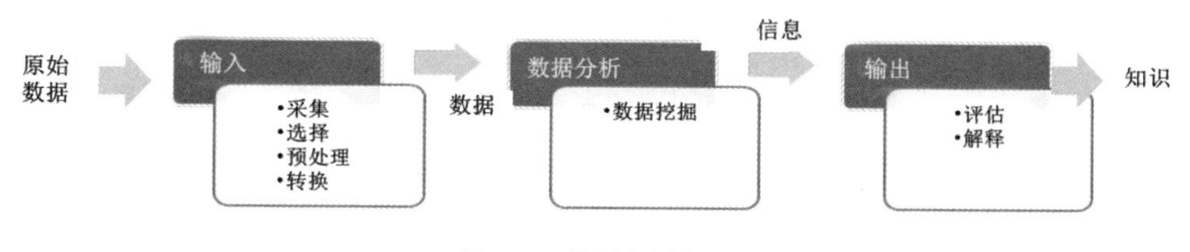

图 2-2　数据分析流程

① 数据转换：数据采集、选择、预处理后，需要将数据转换成适合数据挖掘的格式。

② 数据分析：数据转换后，可以使用各种统计方法和数据挖掘算法进行分析，如回归、分类、聚类等。

（5）数据可视化：以交互方式进行数据（包含信息）的展示。

① 评估：衡量数据分析的结果。

② 解释：以交互方式将数据分析的结果展示出来。

2.1.2 大数据的外延

1. 大数据的“六度空间”

名为 Six Degrees of Separation 的数学领域猜想可以翻译为“六度分隔理论”或“小世界理论”。该理论指出：你和任何陌生人之间所间隔的人不会超过 5 个。

大数据与六度分隔理论的完美结合，可以成为社交媒体、商业模式、网络社会的理论基础。在社交媒体中，六度分隔理论和微信、微博、QQ 等社交软件的结合强化了人类的社交需求，只要信息媒介传播速度足够快、用户数量足够多，世界上的任何人就都可以迅速建立联系，产生交流。在商业模式中，运用六度分隔理论可以进一步增强精准营销的效果，通过大数据的抓取和分析，以及人工智能的筛选和匹配，最后对特定人群投放特定广告。

另外值得一提的是影响力权值。虽然根据六度分隔理论，任何两个陌生人想要相互认识最多不超过 5 个中间人，但这 5 个中间人之间的联系有强有弱，即前一个中间人对后一个中间人的影响力有强有弱。换言之，就是每个中间人都有一个影响力权值，权值越大，向后一个中间人传递信息的效率就越高。因此，关键不在于你认识多少人，而在于你认识哪些人。

2. 大数据的“第四范式”研究

图灵奖得主、关系型数据库的鼻祖吉姆·格雷（Jim Gray）提出将科学研究分为四类范式（Paradigm，某种必须遵循的规范），依次为实验归纳、模型推演、仿真模拟和数据密集型科学发现。最后的数据密集型科学发现，也就是现在的大数据式科学研究。

从远古时期到文艺复兴时期，科学研究以记录和描述自然现象为主，称为“实验科学”（第一范式），属于科学发展初级阶段。受到原始的实验条件的限制，第一范式难以更精确、深入地理解自然现象，先辈们通过简化实验模型，演算并归纳总结出自然现象背后的规律（第二范式），得到如牛顿三大定律、麦克斯韦理论等经典物理学成果。但量子力学和相对论的出现，导致验证理论的难度和经费投入越来越高，科学研究举步维艰。随着计算机模拟仿真科学实验研究模式的迅速普及，计算机仿真逐渐取代实验，成为科学研究的常规方法（第三范式），如模拟核试验、天气预报等。

信息技术的进步与数据的爆发式增长，使计算机能够进行分析和总结，进而提炼方法和规律。此类数据密集型范式理应从第三范式中分离出来，成为新颖独特的科学研究范式，称为第四范式。以大数据为代表的第四范式，首先准备了大量的已知数据，然后通过分析计算得出未知的结论。

3．大数据的“时空观”

围绕复杂非线性地理世界时空表达的本质，大数据普遍存在时间维（T_i）、空间维［$S_i(X_i,Y_i,Z_i)$］和属性维（D_i，$i=1,2,\cdots,n$）的多维时空表达模型。这种由时间维、空间维和属性维构成的复杂线性地理世界的多维时空表达模型便于存储管理，便于进行空间关系的计算和分析。

现实世界中的大数据一般都具备时间、空间及属性三个维度，同时这三个维度的数据应与现实世界有参照或对应关系。

2.2　大数据相关术语

1．数据资产

数据资产由信息资源和数据资源的概念逐渐演变而来，随着数据管理、数据应用和数字经济的发展而丰富。中国信通院将其定义为“由企业拥有或者控制的，能够为企业带来未来经济利益的，以一定方式记录的数据资源”，该定义强调了数据具备的“预期给会计主体带来经济利益”的资产特征。在大数据时代，随着分布式存储、分布式计算及多种人工智能技术的应用，结构化数据之外的数据也被纳入数据资产的范畴，数据资产的边界拓展到了海量的标签库、企业级知识图谱、文档、图片、视频等内容。但并不是所有的数据都是资产，只有具备可控制、可量化、可变现等属性的数据才可能成为资产。

（1）可控制：个人或企业能够控制、管理的数据，包括生产型数据（如个人在互联网产生的交易数据、企业自身生产经营的数据）、加工型数据（如企业对原始数据的再加工与提炼产生的衍生数据）。

（2）可量化：数据要成为资产，必须能够用货币进行可靠的计量。

（3）可变现：资产区别于一般产品的特征在于其不断增值的可能性。能够转化为资产并实现增值收益的数据才能被称为数据资产。

2．数据治理

数据治理是指从使用零散数据变为使用统一主数据，从数据混乱到主数据条理清晰的处理过程。数据治理是一种数据管理理念，是确保组织在数据循环中存在高质量数据的能力。

3．数据科学

数据科学是研究数据界的理论、方法和技术，研究对象是数据界中的数据，主要以统计学、机器学习、数据可视化及领域知识为理论基础，主要研究内容包括数据科学基础理论、数据预处理、数据计算和数据管理。

4．数据湖

数据湖是集中式存储的数据库，允许以原样存储（无须预先对数据进行结构化处理）所有数据，并运用不同类型的处理方法对数据进行处理，如数据挖掘、实时分析、机器学习和数据可视化等。

5．黑暗数据

黑暗数据是指被用户收集和处理但又不用于任何有意义用途的数据。它可能永远被埋没和隐藏，因此称之为“黑暗数据”。有学者估计，企业 60%～80%的数据都可能是黑暗数据。

2.3　大数据的特征

大数据具有如下四个特征，如图 2-3 所示。

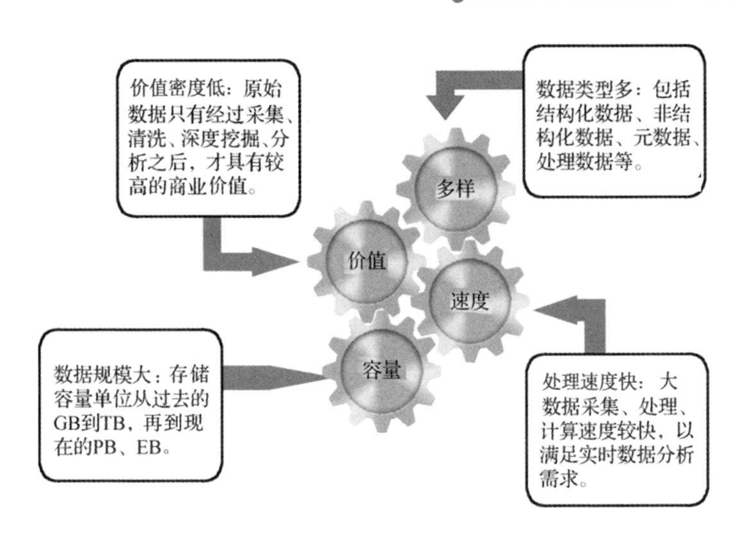

图 2-3　大数据特征示意图

一是数据规模大（Volume）。这个“大”源于广泛采集、多处存储和大量计算。普通的计算机存储容量以 GB、TB 为单位，而大数据则以 PB（1024TB）、EB（约 100 万 TB）为单位。

二是数据类型多（Variety）。大数据既包括地理位置信息、数据库、表格等结构化数据，也包括文本、图像、音视频等非结构化数据。不同的数据类型需要不同的处理程序和算法，所以大数据对数据的处理方法和技术也有更高的要求。

三是价值密度低（Value）。决策者要获得必需的信息，就得对大量的数据进行处理。现在通用的做法是通过使用强大的机器算法进行数据挖掘，进而获得与逻辑业务相吻合的结果。这个过程可以理解为在无边沙漠中用筛子淘取金沙，其价值密度可想而知。

四是处理速度快（Velocity）。大数据需要处理的数据有的是爆发式产生的，如大型强子对撞机工作时每秒产生 PB 级数据；有的虽然是流水式产生的，但由于用户数量众多，短时间内产生的数据量（如网站点击流、系统日志、GPS 等数据）依然庞大。为了满足实时性需求，数据的处理速度必须快，过时的数据会贬值。例如，2011 年 3 月 11 日，日本发生大地震后，美国国家海洋和大气管理局在震后 9 分钟就推测可能发生海啸，但 9 分钟的计算延时对于瞬间被海啸吞没的生命来说还是太长了。

有学者提出增加数据的准确性和可信赖度（Veracity）这一特征，构成大数据“5V”特征。可信赖度是指需要保证数据的质量。由于大数据中的内容与真实世界中的事件息息相关，要想从规模庞大的数据中正确提取出能够解释和预测现实的事件，就必须保证数据的准确性和可信赖度。

此外，有学者还提出了大数据特征新的论断，如：动态性（Vitality），强调整个数据体系的动态变化；可视性（Visualization），强调数据的显性化展现；合法性（Validity），强调数据采集和应用的合法性，特别是对于个人隐私数据的合理使用；暂时性（Volatility），强调需要存储多久的数据。

2.4 大数据的价值

通过对大数据的开发和利用，可以揭示事物之间潜在的关联、分类、趋势和数量关系，赋予人们洞悉未来的能力，其主要包括如下价值。

1. 数据汇总和统计

传统的数据汇总和统计可实现对各类研究对象的“大小、多少、总数、比例、强度”等专项汇总分析，为“规模是否合理、配比是否科学、流量流向是否正常”，以及“质量水平高低、效益显著程度、影响因素分析、真实程度如何”等问题提供依据。这些虽然是传统样本数据分析功能，但在大数据领域依然有效。例如，通过资金或人员流向的分析，可以发现项目经费开支和人员分配过程中存在的矛盾和问题。

2. 特征画像

特征画像是指对研究对象的一般特征或特性的汇总描述。例如，“9·11事件”后，美国政府提出“万维信息触角计划”，用于收集个人相关的所有数据，包括通信、财务、教育、医疗、旅行、交通等，通过大数据分析，查找恐怖分子及其支持者在信息空间中留下的“数据脚印”，描绘出恐怖分子的基本特征。

3. 关联规则挖掘

关联规则挖掘是指发现多个事件之间的关联关系（共现、时序、结构）。例如，在伊拉克战争中，美国新闻机构发现五角大楼的外卖数量与前线战场的态势是相关的，外卖数量越多，前线作战形势越紧张。再如，通过大数据分析发现设备的 A 零件出现故障，B 零件 80%会在 3 个月内出现故障；通过对软件系统用户退出行为的分析，发现软件设计不合理的地方。

4. 预测性挖掘

预测性挖掘是指对研究对象的类别或属性值进行预测。例如，美国匹兹堡大学研发的“疾病暴发实时监控系统”，能够根据全国药店的消炎、退烧等药品销售情况，预测流感等传染病的暴发时间。

5. 描述性挖掘

描述性挖掘包括聚类分析、异常发现、内容推荐、重要性排序、复杂网络分析等。例如，通过聚类分析，可以及时发现信用卡盗刷、网络入侵等异常行为；通过重要性排序和复杂网络分析，可以发现犯罪团伙、间谍网络、暴恐群体及其组织体系等。

6. 其他高级功能

其他高级功能包括多媒体语义理解、机器翻译、智能机器人等。

2.5　大数据标准化

本节采用全国信息技术标准化技术委员会（以下简称“信标委”）大数据标准工作组提出的大数据标准体系，将大数据标准分为基础标准、数据标准、技术标准、平台和工具标准、管理标准、安全和隐私标准、行业应用标准、质量管理标准八类，如图 2-4 所示。

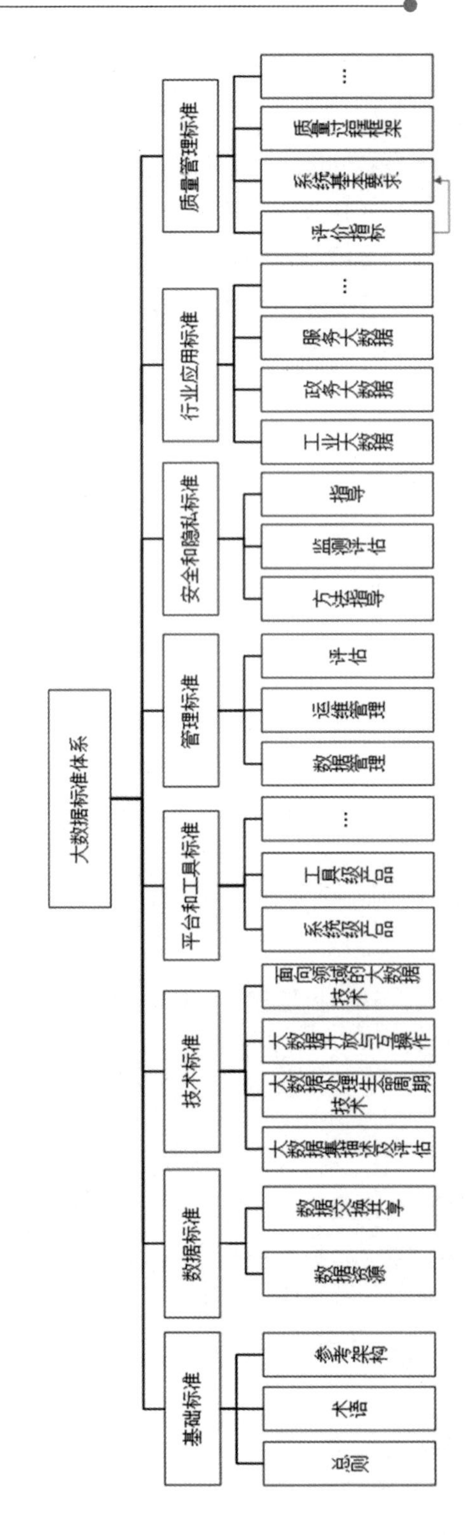
大数据标准体系
基础标准
总则
术语
参考架构
数据标准
数据资源
数据交换共享
技术标准
大数据集描述及评估
大数据处理生命周期技术
大数据开放与互操作
面向领域的大数据技术
平台和工具标准
系统级产品
工具级产品
…
管理标准
数据管理
运维管理
评估
安全和隐私标准
方法指导
监测评估
指导
行业应用标准
工业大数据
政务大数据
服务大数据
…
质量管理标准
评价指标
系统基本要求
质量过程框架
…

图 2-4　大数据标准体系

2.5.1　基础标准

基础标准是整个标准体系的基石，为整个标准体系提供包括总则、术语、参考架构在内的基础性标准。在这一领域，现有的标准包括：2015 年，ITU-T 发布了《基于云计算的大数据需求与能力标准》，作为该研究组大数据系列标准的基础；2019 年，ISO/IEC 制定了《信息技术　大数据　概览与术语》；2020 年，ISO/IEC 制定了《信息技术　大数据　参考架构》系列标准。在国内，信标委大数据标准工作组发布了《信息技术　大数据　术语》《信息技术　大数据　技术参考模型》等。

2.5.2　数据标准

数据标准主要针对底层数据相关要素进行规范，包括数据资源和数据交换共享两类标准。数据资源包括元数据、数据元素、数据字典和数据目录等标准，数据交换共享包括数据交易和数据开放共享相关标准。在这一领域，2018 年，ITU-T 发布了《大数据　数据交换框架与需求》。

在国内，数据资源和数据交换共享标准成为数据标准领域的热点。信标委大数据标准工作组先后发布了《信息技术　互操作性元模型框架（MFI）》系列标准、《信息技术　科学数据引用》、《信息技术　数据溯源描述模型》等，2020 年发布了《信息技术　大数据　数据分类指南》《信息技术　大数据　接口基本要求》《信息技术　大数据　政务数据开放共享》系列标准，未来还将研制数据交易的交易流程、数据管理、风险评估及交易质量评估等方面的标准。

2.5.3　技术标准、平台和工具标准

技术标准主要针对大数据相关技术进行规范，包括大数据集描述及评估、大数据处理生命周期技术、大数据开放与互操作、面向领域的大数据技术四类标准。平台和工具标准主要针对大数据相关平台和工具进行规范，包括系统级产品和工具级产品两类标准。目前已有 ISO/AWI TR 23347《统计　大数据分析　数据科学生命周期》标准。

在国内，信标委大数据标准工作组于 2019 年发布了《信息技术　大数据存储与处理系统功能要求》《信息技术　大数据分析系统功能要求》，2020 年发布了《信息技术　大数据　大数据系统基本要求》《信息技术　大数据　存储与处理系统功能测试要求》《信息技术　大数据　分析系统功能测试要求》《信息技术　大数据计算系统通用要求》等多项标准。

2.5.4　管理标准

管理标准作为数据标准的支撑体系，贯穿于数据循环的各个阶段。当前，对数据资产的有效管理还处于发展阶段。ITU-T SG16 于 2020 年 6 月制定了国际标准《数据资产管理框架》，提出了数据资产管理的框架。此外，还包括 ISO/IEC DIS 24668《信息技术　人工智能　大数据分析过程管理框架》。

在国内，信标委大数据标准工作组于 2020 年发布了《信息技术　大数据　系统运维和管理功能要求》。中国学生学者联合会（Chinese Students and Scholars Association，CSSA）成立了大数据技术标准推进委员会（CCSA TC601），其中的数据资产管理工作组专门从事数据资产管理方面的标准化研究工作，于 2019 年发布了《数据资产管理实践白皮书（4.0 版）》。

2.5.5　安全和隐私标准

数据安全和隐私保护贯穿于整个数据生命周期，是大数据标准体系的重要组成部分。欧盟于 2018 年 5 月颁布了《通用数据保护条例》（*General Data Protection Regulation*），进一步凸显了大数据时代数据隐私保护的重要性。

ITU-T SG17 制定了多个大数据安全国际标准，包括《移动互联网服务中大数据分析的安全需求与框架》《大数据即服务的安全指南》《大数据基础设施及平台的安全指南》等。此外，还包括 ISO/IEC WD 27046.4《信息技术　大数据安全和隐私　实施指南》和 ISO/IEC WD 27045《信息技术　大数据安全和隐私　过程》。

全国信息安全标准化技术委员会下设了大数据安全标准特别工作组，专门进行大数据相关标准的研究，目前已发布了《信息安全技术　个人信息安全规范》《信息安全技术　大数据安全管理指南》《信息安全技术　数据安全能力成熟度模型》《信息安全技术　数据交易服务安全要求》等多项标准。CCSA TC601 于 2019 年发布了《可信数据服务》系列规范。

2.5.6　行业应用标准

行业应用标准主要是从大数据为各个行业所能提供的服务的角度出发制定的规范。这一领域的标准针对性较强，因此国际标准组织较少涉及这一领域，而由于其较强的针对性和指导作用，国内热点行业的标准化工作则比较活跃。在工业大数据领域，信标委大数据标准工作组下设工业大数据专题组，发布了《信息技术　大数据　工业应用参考架构》《信息技术　大数据　工业产品核心元数据》等标准。在政务大数据领域，信标委大数据标准工作组同样下设政务大数据专题组，CCSA TC601 也成立了政务大数据工作组。

2.5.7　质量管理标准

大数据质量管理针对大数据在采集、处理、交换、利用、销毁等各环节可能出现的数据质量问题，设计数据质量管理方法，对数据质量进行审核和评价。

在国际标准方面，2020 年 4 月，在 ISO/IEC JTC 1/SC 42（人工智能分技术委员会）大数据工作组会议上，我国提交的《人工智能　分析和机器学习的数据质量　第 4 部分：数据质量过程框架》标准提案通过。

在国家标准方面，信标委大数据标准工作组发布了《信息技术　数据质量评价指标》。此外，GB/T 38673—2020《信息技术　大数据　大数据系统基本要求》主要对大数据系统的功能要求及非功能要求进行了规范，适用于各类大数据系统，可作为大数据系统设计、选型、验收、检测的依据。此外，国家认证认可监督管理委员会批准“国家文档软件产品质量监督检验中心”更名为“国家大数据系统产品质量监督检验中心”。这是我国首个大数据领域的国家级质量监督检验中心。

在地方标准方面，内蒙古自治区形成了 DB15/T 1590—2019《大数据标准体系编制规范》、DB15/T 1873—2020《大数据平台　数据接入质量规范》、DB15/T 1874—2020《公共大数据安全管理指南》等地方标准，推动政府数据共享交换和公共数据高质量开放。

2.6 大数据的应用

大数据可以感知现在，也可以预测未来。在大数据时代，人们看待数据的方式产生了至少三种变化：一是样本数据变为全体数据；二是精确数据变为混沌数据；三是追求因果关系变为挖掘相关关系。大数据的应用对人类生活产生了巨大的影响。

（1）金融交易：主要应用于高频交易领域。很多股权的交易人工无法及时完成，大都依赖于大数据算法自动执行，如通过不断分析网络媒体和新闻的影响力，快速决定未来几秒内是买进还是卖出股票。

（2）商品营销：企业基于从各类渠道收集的用户信息进行分析和预测，挖掘和分析用户需求，进而提供个性化服务。例如，淘宝、京东等电子商务平台可以通过用户的浏览记录来预测用户对商品购买的潜在需求，进行适时、精准的推送。

（3）公共安全：政府基于大数据技术为反恐维稳、预防犯罪与各类案件侦破提供数字化手段，有助于构建公共安全风险防控体系。例如，在新冠肺炎疫情期间，常州市公安局根据美团外卖的送餐信息抓捕了一名潜逃多年的犯罪分子。

（4）医疗健康：大数据可以辅助流行病预测、疫情防控、个人健康管理。例如，在新冠肺炎疫情期间，针对新冠肺炎临床诊断研发的全新智能诊断技术，基于5000+病例的CT影像样本数据，学习训练样本的病灶纹理，可以在20秒内准确判读新冠肺炎疑似病例CT影像，准确率达到96%，极大地提升了诊断效率。

（5）城市管理：城市区域根据当前环境、交通、人员等数据，结合不同事件，做出最优化的决策。例如，基于交通大数据，救护车可以实时获取道路的拥堵信息，途经的交通信号灯会为之优化或调整状态，从而选择通行时间最短的路线。

第 3 章

大数据思维——革故鼎新

思维作为人类认识世界的理性形式，具有一种排斥非理性因素的内在禀赋。本书作者于 2017 年出版的《互联网+　思维与创新》一书中对“数据思维”已进行了思考与解读。在此基础之上，本章从哲学思维、赋能思维、模型思维和计算思维四个方面对大数据思维进行探究，以期指导大家理解和运用大数据技术，有助于拓展对数据价值的认识，从而发现大数据、关注大数据、管好大数据。

大数据思维导图如图 3-1 所示。

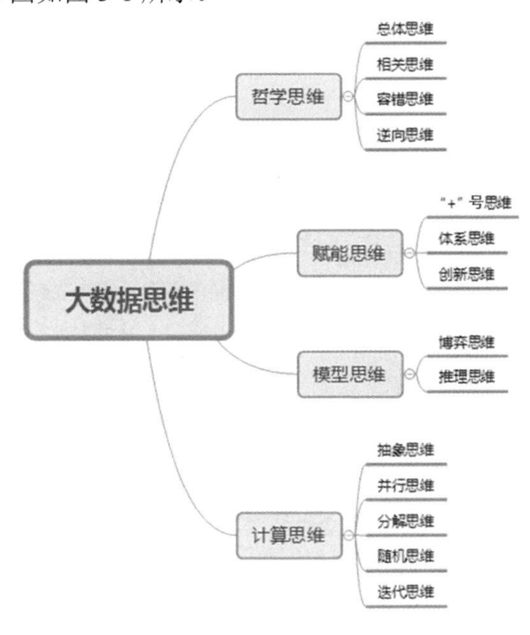

图 3-1　大数据思维导图

3.1 哲学思维

大数据是相对小数据而言的。人们接触到的信息或数据发生了变化，其思维方式也要进行相应的调整。在大数据时代，人们看待数据的思维方式，最关键的转变在于从自然科学思维转向哲学思维，由以往使用单一数据向使用全体数据转变，由重视数据的精确性向挖掘数据的内在价值、侧重数据的混杂性转变，由注重数据的因果性向利用数据的相关性转变。大数据时代的思维方式变革如图 3-2 所示。

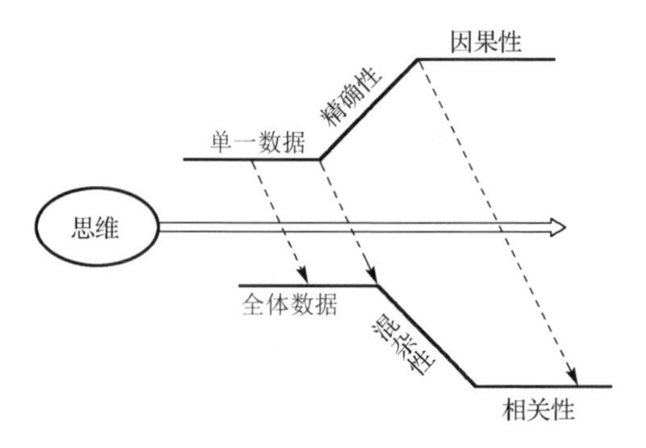

图 3-2 大数据时代的思维方式变革

3.1.1 总体思维

个体是总体的一个实例，人们观察到的个体是个别显现出来的事物的内在本质，但不包含事物的全部本质，要想全面认识事物，就必须采用总体思维。

在小数据时代，由于受技术发展水平的制约和数据采集、处理能力的限制，人们无法获得全部数据信息。在大数据时代，数据采集、存储、分析等技术获得了突破性进展，数据总量迅速增长，人们获取全部数据信息变为现实，不再受数据不足的限制，可以更加便捷地获取与研究对象有关的一切数据。此外，大数据强调数据的复杂性和完整性，可以进一步揭示事情的真相。因此，人们看待数据的思维方式逐渐转向总体思维，从而全面客观地认识事物的特征和机理。

例如，早期商场记录顾客消费数据只能通过销售额、会员卡等，数据相对滞后也不够准确，不便随时调整自己的销售策略，尤其是无法实时监测客流量。而如今，商场借助客流计数器、手机定位等技术，可以对客流量进行实时追踪，结合商场内部的管理系统和银联实时反馈的商品销售额，可以实时获取顾客的全部消费数据，并依据这些数据调整商场的经营管理策略，提升商场的运营效率。例如，如果发现当天有爆款商品存在缺货现象，可以及时向上游公司订货来补充货源，确保当天的顾客可以买到自己喜欢的商品，提升顾客体验。

3.1.2　相关思维

事物之间存在关联。发现其相互作用的规律是人们探究世界的重要途径，亦是更高层次的认知需求。例如，在医学领域，在发现病人颈椎膨出可能压迫神经引发头疼后，医生应综合考虑头部和其他间接引发头疼的部位的病因关联机理，对症下药。

传统的因果思维主要关注事物之间的逻辑推理，通常采用的研究方法分为三步：一是假定事物之间存在某种关系，分析产生某个结果的可能原因；二是建立原因和结果的共变关系，根据原因与结果的时序关系来消除非确定性的因素；三是最终通过推断验证产生该结果的原因。

因果关系只是事物之间关系的一种，事物之间的相关关系普遍存在。因果关系 A→B 表示产生 B 的原因是 A，但有可能是 C 导致了 A 和 B 的发生，此时 A 和 B 之间不再是因果关系，而是相关关系。例如，血压升高可能引发头疼，但颈椎膨出会同时引发血压升高和头疼，因此血压升高和头疼之间是相关关系。

相关关系指当某个或一批变量变化时，与之对应的一些变量按照某一规律在一定范围内变化，这一规律就是这些变量之间的相关关系，也称相关系数。根据相关程度，相关关系可以分为完全相关、不相关和部分相关。传统相关系数计算可采用皮尔森相关系数、斯皮尔曼等级相关系数等方法。大数据的非线性和高维性催生了基于互信息的相关系数、基于矩阵计算的相关系数、基于距离的相关系数等新方法。

在大数据时代，数据分析在一定条件下不再刻意寻找因果关系，而是更注重数据之间的相关关系。从大量的数据中挖掘复杂多样的相关关系，从而揭示事物之间深层次的内在机理。

3.1.3　容错思维

在小数据时代，由于样本数量相对较少，所以必须确保样本数据的精确性，否则由通用模型分析得出的结果就会出现偏差。例如，在显微镜下观察物体时，为了确保测量结果的精确性，对采样的要求十分苛刻，如果采样结果不够精确，就会影响测量结果的精确性。

当可用数据愈加丰富时，单一数据是否绝对精确不再是一个大问题。人们的思维方式从精确思维转变为容错思维，不再苛求个别数据，容许适量误差，关注整体数据质量，全面认识事物。例如，顾客会存在代购商品的行为，致使商场很难精准了解每名顾客的消费习惯，但可通过对全部顾客消费习惯的分析，优化柜台布局、人员配置和营销策略。

3.1.4 逆向思维

事物有两面性，人们容易看到其熟悉的一面，忽视其陌生的一面。逆向思维“反其道而思之”，可以取得出乎意料的结果。例如，某自助餐厅生意火爆，但顾客浪费严重，为了防止顾客浪费食物，该餐厅规定，凡是浪费食物者罚款 10 元，结果生意一落千丈；后来餐厅经营者转变思维方式，规定凡是没有浪费食物者奖励 10 元，结果生意重新火爆起来，并且杜绝了浪费行为。这就是采用了逆向思维，从处罚转变为奖励，让顾客认为自己占到了便宜。

逆向思维是一种对常见或结论性事物反过来思考的方式。它是对传统思维的挑战，能够突破传统思维、习俗思维和常识思维的刻板印象，改变由经验和习俗造成的僵化的认知模式。

若想在竞争日益激烈的大数据时代有所建树，就不要一味盲目跟随，必须运用逆向思维，发现其他人发现不了的闪光点，将冷门变成热点，将不可能变成可能。

3.2 赋能思维

赋能被广泛应用于商业管理中，强调注重信息共享，突破组织管理“深井”，在沟通上透明，在决策上去中心化，赋予员工自主工作的权利，激发整个系统内在的活力。在“互联网+”高速发展的基础上，大数据继承了“互联网+”的倍增、加速、提升等特性，因此“+”号思维是赋能思维的基础；大数据关注宏观，与体系思维的出发点是一致的，因此体系思维是赋能思维的支撑；创新是赋能的有效手段，因此创新思维是赋能思维的方式。

3.2.1　“+”号思维

“+”号的本义是用来表示整数中的正数或加法运算，后来这个符号被赋予了丰富的抽象意义。“+”号思维更多是从倍增、加速、提升的角度阐释大数据的赋能思维。

“倍增”：顾名思义就是成倍地增加或增长。运用大数据赋能，可对传统行业起到倍增器的作用，达到 1+1>2 的效果。例如，健康医疗大数据、金融大数据已展现出了强大的发展前景。运用大数据技术，通过嫁接其他行业的价值对企业进行创新，提升产业转型升级能力，加快构建新型产业体系，引领行业新发展。

“加速”：大数据赋能后，效益或效能得到了指数级增长。数据量剧增，间接刺激了运用数据能力的提升，极大地提高了决策的精度和速度。例如，“让数据多跑路，让群众少跑腿”，通过构建创新型政务服务体系，实现扁平化的管理模式，缩短办事流程，提升政务服务效率。

“提升”：大数据赋能就是要让数据的价值最大化。对收集到的数据进行严密且富有逻辑的整理、分析、关联，发掘出具有价值和意义的信息。例如，基于交通大数据，导航软件可以规划出最快到达目的地的路线，从而节省时间。

3.2.2　体系思维

大数据思维可以从诸多事物并存运行、相互协同的条件中探究其本质。这种从宏观视角全面系统地认识事物的思维方式称为体系思维，也可理解为为了实现某个目标而采取的一系列方法的组合。

体系思维是整体的。既要全面认识事物，还要分步骤解决问题。在复杂系统中，很多事情难以找到原因，但是通过相关性来发现问题，把握宏观规律，就可以找到解决问题的方法和策略。因此，重视事物的普遍联系与相互作用，强调系统论的视角，综合全面地思考、处理问题，是体系思维的重要体现。

体系思维是成长的。所谓的成长体现在演化和进步的过程中，在这个过程中，一些功能会被抛弃或退化，一些功能会变得越来越强大，进而形成新的体系结构。

体系思维是全样本的。全体数据将取代样本数据，表现出部分数据所不能表现出的细节。例如，尽可能将物价指数、营商指数和其他经济指标进行全样本收集与分析，构建经济模型，预测未来经济走向。

3.2.3 创新思维

在运用大数据时，需要突破常规思维的障碍，提出新颖的解决方案，从而产生意想不到的结果。大数据的创新思维可以从跨界、智慧等方面去认识。

跨界思维就是要敢于打破常规，从表面上没有关系的其他领域，寻找内在的相关性突破口。例如，在社会安全领域，警察可以使用日常生活的多种数据来识别各种犯罪活动。根据情报，某地区有部分人员私自加工管制刀具，如果采取逐户检查的常规方法，任务量大、耗时长，很难完成任务。由于加工管制刀具使用的机械设备具有独特的用电特征，当地警察通过分析该地区用户的用电量波形来及时发现犯罪团伙。

为什么人类的大脑具有智慧？究其原因是它可以进行智能研判和科学决策。大数据思维使大数据像人脑一样具有生命力。2016 年 3 月，围棋人工智能程序 AlphaGo 以总比分 4∶1 轻松取胜棋手李世石；2017 年 10 月，AlphaGo Zero 在与 AlphaGo 的对阵中取得了 100∶0 的战绩；2019 年 1 月，在《星际争霸 2》项目中，AlphaStar 5∶0 战胜职业选手 TLO，5∶0 战胜 2018 年 WSC 奥斯汀站亚军 MaNa 。这些人工智能程序的“智慧”来源于大量对抗数据和自我对弈训练数据。运用深度学习方法，经过多次训练，这些人工智能程序不仅掌握了对弈知识，而且在对抗过程中，还可以做到创造新的招式。当然，这还只是一个游戏程序，离人类的智能还有很大的距离，但是它让我们看到了运用数据和工具，机器可以达到甚至超越人类的某方面智能。云计算、机器学习等技术的发展，正在大力推动大数据向经济社会各领域、各行业渗透，一个巨大的智慧网络将改变大众的生活和人类的未来。

3.3 模型思维

人们基于自己的知识体系来解决工作、学习和生活中的各种问题。同样的信息，由于受众方的知识体系不同，采取的评价模型不同，可能得出大相径庭的结果。模型是大数据时代的动力，其更易实现大数据时代的事件挖掘、用户行为分析。

3.3.1　博弈思维

企业在管理数据的时候，只存储而不分析和应用数据，意味着存储成本的不断增加。这时可以使用一些低价的存储方案来存储使用量较少的数据，以减少存储成本。但是，如果数据继续呈指数级增加，那么存储成本也会增加。以前，由于数据量小，这一问题造成的影响还不太明显。现在，存储和使用成为很多企业在决策中不得不面对的问题。如果不大量存储数据，企业就可能因为没有存储需要的数据而错失发展良机；如果大量存储数据而不能应用，也会给企业的运营成本带来压力。这就是企业数据管理面临的“博弈”。

要解决上述企业面临的问题，就需要用到博弈思维。在运用博弈思维时，首先要确定博弈的参与者及其行动，然后建立相关的博弈模型，如标准博弈模型、序贯博弈模型、合作博弈模型等。

在大数据时代，企业之间的合作和竞争更加频繁，企业之间既是合作关系又是竞争关系，此时采取博弈思维来指导企业战略决策是一个不错的选择，可参考其中的合作博弈模型。假设有 N 个相关企业，它们之间可以是竞争关系，也可以是合作关系。在某次经济活动中，合作者要承担的合作成本为 C，其他企业可以获得的相关收益为 B。如果企业之间是竞争关系，则不会产生任何成本和收益。而企业合作的潜在收益可以通过合作优势比率 B/C 来衡量。这就是简单的合作博弈模型。

3.3.2　推理思维

在大数据时代，全数据集中的数据元素是繁多的，难以建立所有数据元素之间的关系，因为数据元素之间的关系随着数据元素数目的变化呈指数级变化。这时可以采用推理思维，基于构建的某种基本知识，通过现存的数据元素之间的关系推理出未知的数据元素之间的关系。例如，如果数据元素 a 和 b 之间是夫妻关系，而数据元素 a 和 c 之间是父子关系，根据人类的家庭关系知识，可以推理数据元素 b 和 c 之间是母子关系。现有的推理模型有基于逻辑的推理模型、基于图的推理模型和基于表示的推理模型。

在推理思维中，一般先将数据元素知识化，即用某种形式化的语言表示相应的数据元素，如逻辑元素、图节点等。这种表示方法就是符号化。符号化的缺点是难以进行计算，推理的复杂程度较高。因此，基于表示的推理模型采用向量来对数据元素进行知识化表示，将对未知的推理转化为对相关向量的操作。对向量的操作计算模型有距离模型、翻译模型和矩阵模型。距离模型用向量的距离表示数据元素之间的某种关系。而翻译模型则建立了向量之间的语义关系，将三元组<*h*,*r*,*t*>分别用向量表示，如果该三元组成立，则 *h*、*r*、*t* 在向量空间上会有如图 3-3 所示的关系。矩阵模型则根据向量中的数据构建与其所对应的矩阵，通过对矩阵的操作进行学习推理。典型的矩阵方法是 Nickel 等提出的 RESCAL。

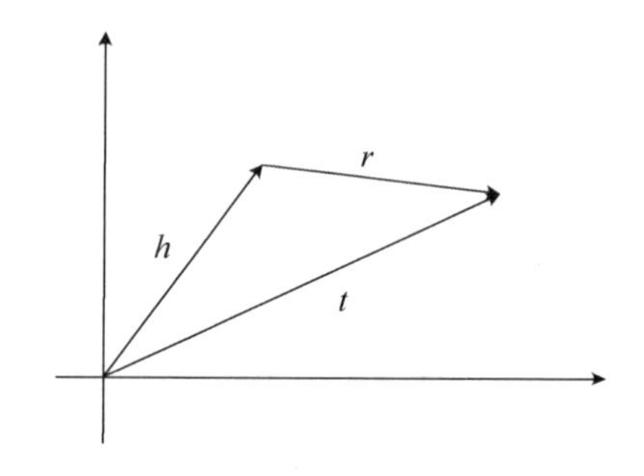

图 3-3　翻译模型示例

3.4　计算思维

计算思维是运用计算机科学领域的相关基础概念进行问题求解的过程，通过算法的思想来识别、分析问题，形成适合用计算机来处理问题的解决方案。

3.4.1　抽象思维

如果要将鸡、苹果、香蕉、鸭分成两类，大家都会将鸡和鸭分成一类，将苹果和香蕉分成一类，因为前者是“家禽”，后者是“水果”。用家禽概括鸡和鸭反映了人们的抽象思维方式。抽象思维是人们在认识、处理事物的过程中用概念的形式，对客观事物进行间接总结和概括的过程。抽象思维通过科学合理的概念抽象来获取事物的本质，其核心思想就是去除多余和细节，保留关键要素。

在运用抽象思维时，首先从要解决的问题中抽取关键要素，然后根据这些信息来筛选数据。抽取的关键要素就构成了解决该问题的一个概念模型。最终抽取的关键要素取决于解决的具体问题、应用的具体场景等。例如，都是导航服务，地铁导航服务和自驾导航服务所抽取的关键要素就不同。在地铁导航服务中，抽取的关键要素是地铁站点信息、站点换乘信息，而对站点之间的具体距离等物理环境信息不做过多要求；而在自驾导航服务中，则要关注道路的具体宽度、路口距离、红绿灯等物理环境信息，从而根据用户不同要求规划不同路线。

抽象思维正确与否一定要经过社会实践的检验，只有经过验证的抽象思维才是正确的。抽象思维指导人们认识并开展相关的社会实践，同时社会实践的结果又可以巩固并拓展抽象思维。空洞、不切实际的抽象思维是毫无意义的，而科学的抽象思维一定是建立在充分的社会实践基础上的。

3.4.2　并行思维

在现实中，我们面对的问题大多数是串行的，但许多问题其实可以并行处理。学者洪加威就并行处理曾讲述了“证比求易算法”童话。故事讲的是某国的国王向邻国的公主求婚，公主问了一个问题，如果国王在一天之内能够求出 48770428433377171 的一个因子，她就接受国王的求婚。可是国王试了 3 万多个数，还是没有得到结果。国王恳求公主告诉他答案，公主说，223092827 就是一个因子。国王请求公主再给他一次机会，公主答应了。为了把握住这次来之不易的机会，国王向宰相求教。宰相认真思考后认为这个数是 17 位，如果这个数存在因子，那么最小的一个因子不会超过 9 位。于是，宰相向国王建议：按照自然数的顺序发给全国的每个百姓一个编号，等公主给出数后，立即将这个数通报全国，每个百姓用这个数除自己对应的编号，如果没有余数，则立刻将自己的编号上报国王。果然，国王很快就求婚成功了。

在这个故事中，国王使用的是串行方法，宰相提出的是并行方法。显然，在处理这个问题上，并行方法比串行方法的效率要高很多。并行思维的智慧在于把一个人无法完成的任务分配给其他人，让其他人参与进来共同完成。例如，查询操作可能涉及海量数据集，为了高效地获取查询结果，可以先把海量数据集水平切分，放置到多个存储器数据库中，然后将查询请求分发到这些数据库引擎中，再将这些数据结果合并，就可以得到实际的结果。

互联网上的信息共享和对这些信息的运用也是典型的并行思维。大数据的价值在于将其置于"收集应用程序"的良性循环中，并将更多的数据输入其中，以在实际生产生活中产生价值。例如，在音乐、视频和商品领域，很多网站都有推荐功能，让用户自己来收藏喜欢的音乐、视频和商品。企业发展基于用户的选择，采用科学合理的算法为用户重新推荐，这就形成了一个循环："分析—推荐—反馈—再分析—再推荐"。

3.4.3 分解思维

分解就是将一个复杂的问题分解成若干个较小的、更简单的子问题加以解决，然后对子问题的结果进行合并，得到最终的答案。我们都熟悉曹冲称象的故事。将无法分解的大象替换为可以分开称量的石头，同时借用木船和水的组合代替木秤，从而逐一称出石头的重量，最后求得大象的重量。这其实就是典型的分解思维。

分解思维的运用最著名的案例就是 Google 的 MapReduce 数据处理工具。MapReduce 的设计初衷是实现对大规模网页数据进行高效、快速的并行检索。这个过程可简单概括为：通过 Map（映射）操作获取海量网页的内容并建立索引，将大任务拆分成小的子任务，并且完成子任务的计算；通过 Reduce（规约）操作根据网页索引处理关键词，最后将中间结果合并成最终结果。

大数据技术提供了更强的数据分析与处理能力。当单个数据过于宏观时，通过对数据进行不同维度的分解可以获得更详细的数据。

3.4.4 随机思维

在计算机科学中，随机数是与概率相关的概念，随机数的显著特点是它的生成和前面的数没有任何关系。当我们只能通过推断求得一个问题的近似解，而无法用分析的方法来求得精确解时，可以运用随机思维。随机思维是求得近似解的有效方法。随机思维的流程是，首先建立一个与问题相关的概率模型，使所求问题的解正好是该模型的特征量；然后通过生成大量的随机数进行模拟统计实验，统计出某事件发生的百分比，只要实验次数足够多，该百分比就能接近事件发生的概率；最后利用前面建立的概率模型求得结果。

看似随机的问题，通过收集海量的数据，一切似乎又是可预见的。这也是我们所说的经验价值，或者说从不确定性中寻找确定性。例如，利用灾害预警系统来预测灾害并分析。通过将一定周期内灾害与气候、天气、土壤及自身发展因素等资料信息数据化，形成自然灾害风险级别与灾害影响因素的拟合函数，再建立回归方程，预测变量的依赖性。再如，在预防犯罪方面，过去警察只能沿街巡视，现在使用数学模型来分析大数据，警察可以有效地预测城市中何时何地可能发生犯罪行为，之后进行有针对性的巡逻。

3.4.5　迭代思维

“迭”是反复、屡次的意思，“代”是替换、替代的意思，“迭代”合在一起就是反复替换的意思。迭代方法是一个不断用变量的旧值递推新值的过程。迭代的核心思想基于这样一个事实：序列项由前一项的值可以得到后一项。按照这个法则，如果从一个已经知道的第一项开始，经过有限次的重复，最后会产生一个序列。著名的斐波那契数就是迭代方法的经典例子。1202 年，意大利数学家斐波那契在其《计算之书》中描述了一个“兔子问题”。假设一对兔子一个月即可发育成熟，两个月就可以产下一对小兔子，以后每个月都可以产下一对小兔子。小兔子也是一个月发育成熟，两个月开始产下一对小兔子。如果农户在年初有一对刚出生的小兔子，那么到了年末该农户有多少对兔子？每个月的兔子对数可以组成一个数列，这个数列就是 1,1,2,3,5,8,13,21,34,…。

迭代是为了接近目标而不断重复过程与反馈的工作，这是在工作中不断追求更好结果的一种典型做法。迭代思维有两个要点：一个是由小到大，从小处和细节入手，逐步构建全局；另一个是迭代的速度要快，要能快速构建出全局，即快速迭代。例如，各种互联网产品运用的就是典型的迭代思维。在产品发布以后，商家根据用户的使用反馈来评估产品和升级产品。基于用户反馈的大数据分析，为产品的升级提供了可靠的依据。

第4章

大数据技术——神兵利器

面对海量异构、动态变化、质量低劣的数据，传统的数据处理方法难以为继，急需大数据技术。大数据技术的核心是从海量数据中提取有价值的信息，从而高效地利用数据资源。本章将从大数据技术概述、大数据处理框架、数据采集与清洗、数据存储与管理、数据挖掘与分析、数据可视化、大数据与新一代信息技术、知识图谱几个方面入手阐述大数据技术。

4.1 大数据技术概述

数据采集与清洗技术用于采集大数据并加以整理，从中抽取结构特征；数据存储与管理技术用于持久存储大数据，确保大数据以最便捷的方式被读取和更新；数据挖掘与分析技术用于分析大数据特征，挖掘蕴含在大数据中的潜在价值；数据可视化技术用于对数据挖掘与分析后获得的知识进行可视化展示。这些技术组成了大数据技术“金字塔”，如图 4-1 所示。

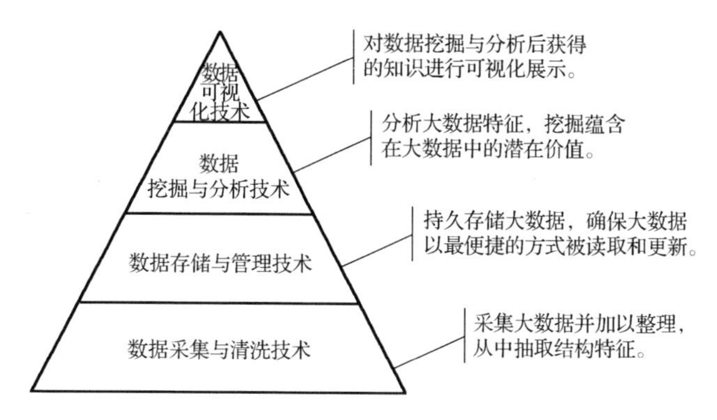

图 4-1　大数据技术“金字塔”

大数据技术“金字塔”呈现了不同技术的层次关系和逻辑关系，而大数据技术框架则进一步展示了各种技术的组成要素和关键内容，如图 4-2 所示。

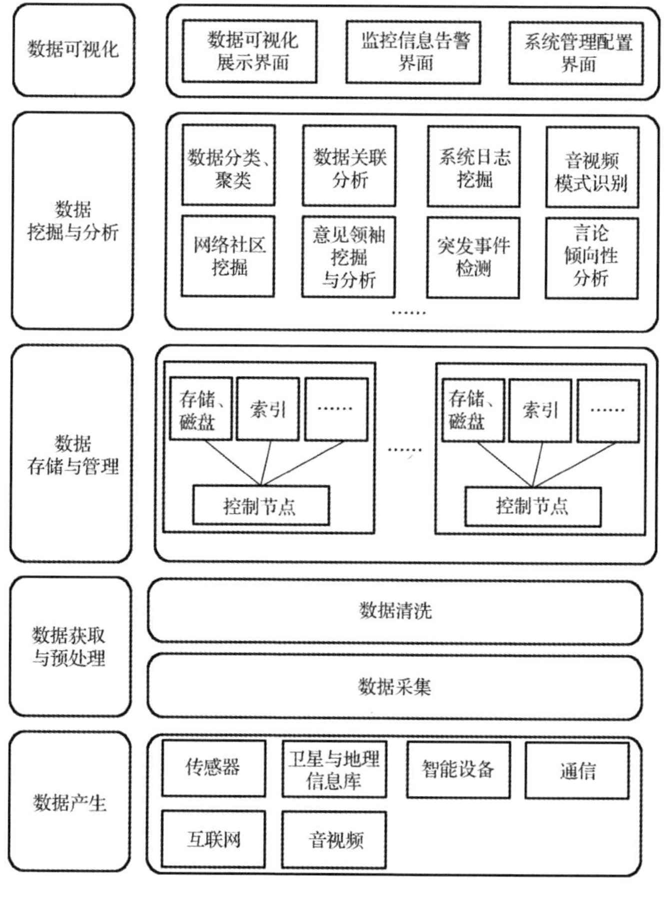

图 4-2　大数据技术框架

大数据技术框架是应用大数据各类技术的体系架构。其中，数据获取与预处理包含系统日志采集、网络数据采集、数据库采集，以及数据辨析、抽取、清理、融合等；数据存储与管理包含分布式文件系统、非关系型数据库和多维索引技术等；数据挖掘与分析包含分类、聚类、预测等传统技术，以及特异群组挖掘、图挖掘、相似性连接、预测分析等新型技术；数据可视化包含文本、网络、时空数据和多维数据等的可视化技术。

4.2 大数据处理框架

大数据处理技术平台通常分为处理框架和处理引擎。处理引擎是用来处理数据的组件，而处理框架则为处理引擎提供操作平台。常见的大数据处理框架有Hadoop、Storm、Samza、Spark 等，处理引擎有 MapReduce。

4.2.1 Hadoop

Hadoop 是一个可进行批处理的开源大数据处理框架，其充分利用集群优势进行高速计算和存储。用户无须了解 Hadoop 的细节即可直接开发其大数据应用程序。

Hadoop 实现了 MapReduce 编程模式，即将应用程序分解为许多并行计算指令，这些指令能在集群的任意节点上运行，并以分布式文件系统（Distributed File System，DFS）来存储所有计算节点的数据，从而极大地提高了整个集群的带宽。MapReduce 和 DFS 结合的独特设计使 Hadoop 能够自动处理节点故障，从而提高了整个系统的持续工作能力。

传统方法通常无法处理 TB 和 PB 级的数据，而 MapReduce 主要针对大数据的海量特性，采用分治思想，将数据分块后并行处理，最后将各部分的计算结果进行合并。以文档（数据集）词频统计应用为例（见图 4-3），首先将文档分割为分布在不同计算节点上的若干个数据块（数据子集），通过 Map 过程并行统计每个数据块中各词出现的次数，所有并行统计的结果通过 Reduce 过程进行合并，即可得到整个文档中各词出现的次数，即词频统计结果。

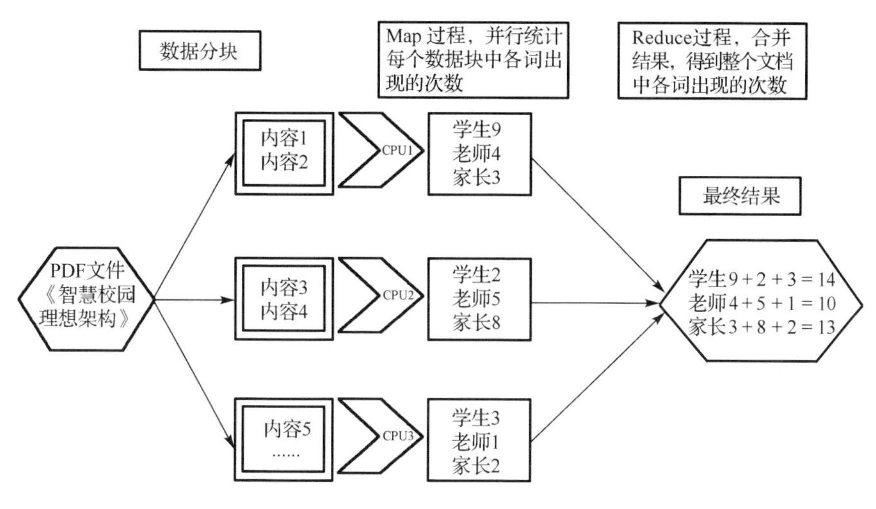

图 4-3　MapReduce 过程示例（词频统计）

以下任务通常适合运用 Hadoop 及 MapReduce 处理。

（1）处理复杂数据。很多业务产生的数据不仅包括关系型数据，还包括其他类型的数据，数据复杂且难以处理。MapReduce 支持各种原始数据类型，如网络日志、传感数据等的存储与分析。即使以后有新的数据来源和数据类型，MapReduce 也能对其进行处理。

（2）处理超大规模数据。目前，数据量爆发式增长导致数据存储形势严峻，数据存储成本过高会造成大量有价值的数据流失。DFS 能适应超大规模数据的处理，可以部署在廉价硬件上，具有容错性高、吞吐量大等特点。

（3）分析新型数据。为了更有效、更便捷地处理海量数据，数据分析需要使用更新颖、更有效的算法。MapReduce 已发展出许多可用的新算法，包括自然语言处理、深度学习等。

4.2.2　Storm

Hadoop 的大数据解决方案重点用于解决吞吐量大的任务，如机器翻译、网页检索、分布式计算等，但在对实时性要求较高的数据处理任务中，Hadoop 则有些力不从心。进行实时交互从而处理消息数据的系统，一般称为流处理系统。Storm 支持流处理和批处理的分布式计算。Storm 使用用户创建的“水龙头”（Spout）和“螺栓”（Bolt）来定义消息源和消息处理单元，对流数据和批数据进行分布式处理。

Storm 应用的是拓扑结构，可以提供类似 MapReduce 任务操作的功能。两者之间的关键区别在于，MapReduce 任务最终会结束，而 Storm 的拓扑结构会一直运行，当遇到异常情况时拓扑结构仍会无限期地运行，直至被手动终止。

下面以视频系统为例展示 Storm 集群应用，如图 4-4 所示。Storm 集群由运行 Nimbus 的主控节点和运行 Supervisor 的工作节点组成。Supervisor 负责接收任务，同时管理自身的 Worker 进程，Worker 进程中运行着 Topology 任务。将每路设备作为一个拓扑节点提交到 Nimbus，Spout 将设备抽象成持久化对象存储中的一路码流，并将码流发射到集群进行后续处理。DecAlgBolt 负责对视频进行目标跟踪分析，将最耗时的任务在集群中实例化，以充分利用集群的性能。MergeBolt 任务负责收集计算结果并实时通知应用服务层。应用服务层提供实时跟踪、系统监控等服务。

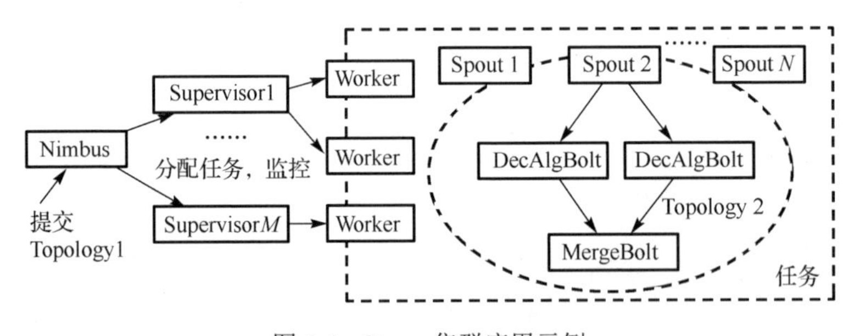

图 4-4　Storm 集群应用示例

由于在实时计算方面具有极大的优势，Storm 在各领域被广泛应用，包括实时分析、在线机器学习、信息流处理（如处理新的数据和快速更新数据库）、连续性计算（如连续查询应用——将微博上的热门话题转发给用户）、分布式 RPC（远程过程调用，通过网络从远程计算机上请求服务）、ETL（抽取、转换和装载）等。电子商务领域有个性化实时搜索分析需求的任务，一般都采用“Time Tunnel+HBase+Storm+UPS”的架构，可迅速响应用户行为直至完成分析，每天可以处理多达 10 亿级用户的日志数据。

4.2.3　Samza

Samza 也是一个流处理框架，其使用开源的分布式系统来处理消息服务，同时具有较高的容错能力。一些需要实时流数据处理的业务，如数据跟踪、日志服务等，须进行高效的消息处理，此时开发者就可选用 Samza。Samza 的主要特点包括以下几个方面。

（1）容错处理：当 Samza 采用的分布式集群处理系统中的某个计算节点发生故障时，系统可以将该计算节点上正在处理的业务迁移到其他计算节点上。

（2）状态管理：使用专门的数据库来存储历史状态。

（3）API 简单：消息处理的应用程序接口（Application Programming Interface，API）简单且兼容 MapReduce。

（4）即插即用：具有一个可插拔的 API，可应用于其他运行环境中。

（5）资源隔离：可实现对安全模型和资源的隔离。

（6）可扩展：Samza 的分层结构是基于分布式和可分区设计的，具有可扩展性。

（7）持久性：在处理消息业务时，可以持久化到相应分区，因此不会发生丢失消息的现象。

4.2.4 Spark

Spark 是一款开源的海量数据处理通用计算引擎。Spark 比 Hadoop 的 MapReduce 更高效，其数据处理的中间输出结果保存在内存中，而不再需要读/写存储系统。因此，Spark 的运算速度比 MapReduce 更快，且能更好地适应机器学习等有大量迭代内容的算法。

Spark 有以下优点。

（1）运行速度快：Spark 的有向无环图（Directed Acyclic Graph，DAG）执行引擎可以支持循环数据流和内存计算，运行速度比 Hadoop 快 100 倍以上，其基于磁盘的运行速度也比 Hadoop 快 10 倍以上。

（2）操作方便：Spark 支持多种编程语言，如 Scala、Java、Python 和 R 语言，简单、易上手，便于各领域使用。

（3）通用性强：Spark 能与多种数据库进行交互，支持结构化查询语言（Structured Query Language，SQL）查询组件，同时还支持多个机器学习和图算法的组件。在应用中有效集成这些组件，可以应付很多复杂、困难的计算。

（4）运行模式多样：Spark 可以在独立的集群模式下运行，也可以与 Hadoop 结合使用，支持访问 Hadoop 分布式文件系统（HDFS）和非结构化数据库 HBase 等，还可以在云环境（如阿里云等）中运行。

4.3 数据采集与清洗

数据采集与清洗技术是指对数据的抽取、转换和装载（Extract Transform Load，ETL）操作，以挖掘数据的潜在价值。同时，从数据源采集到所需数据后，需要进行数据清洗，以过滤、剔除其中不正确的部分。

4.3.1 数据采集

数据采集是指通过对多种数据源进行采集从而获得各种类型的海量数据的过程。现实中数据采集的种类很多，且采集方式也不同。数据采集主要有以下三种方式。

1. 系统日志采集

系统日志采集主要是指对大数据系统中软硬件和系统问题信息进行采集，并对系统的运行情况进行监控。在互联网企业的数据处理中，系统日志数据处理占据相当重要的地位。

2. 网络数据采集

网络数据采集通常是指从互联网中采集数据，既可以通过网络爬虫技术采集数据，也可以通过调用网站公开的 API 采集数据。网络数据采集支持非结构化数据，如文本、音视频等，其主要特点是利用数据挖掘技术将非结构化数据从网页中抽取出来，按照一定的规则和排列格式将数据进行分类整理，并存储成一系列具有统一格式的结构化数据文件。

当前，网络数据呈爆发式增长态势，互联网已成为大数据主要的数据来源之一。因此，网络数据采集已成为业内重点关注的方向，其核心是根据用户部署的任务，对互联网中的相关数据进行高度并行的自动采集，并将数据迅速存储到系统中。图 4-5 所示为网络数据采集示例。

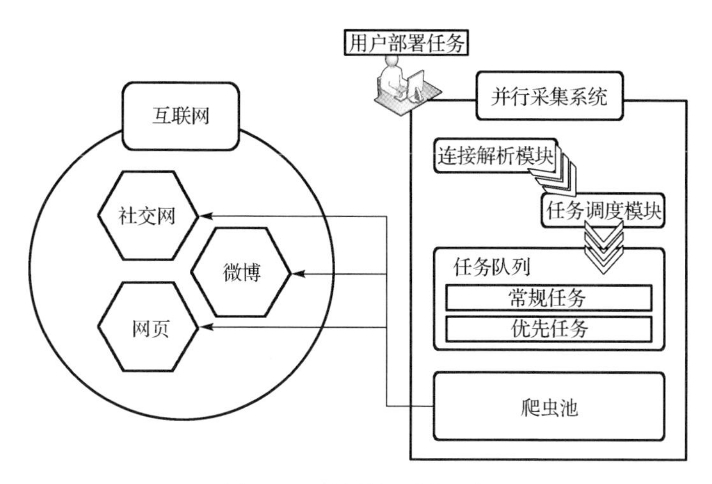

图 4-5　网络数据采集示例

3. 数据库采集

数据库采集系统通过直接与企业业务后台服务器结合，可以直接采集业务后台产生的大量业务记录，并交由特定的处理系统进行系统分析。在从各类专业数据库中采集数据时，随着业务的不断实施，数据库中的数据一直在不断变化，此时从数据库中抽取数据一般有全量数据抽取和增量数据抽取两种方式。全量数据抽取是指将数据库中的数据全部抽取出来，而增量数据抽取是指仅抽取最近一次抽取后数据库中有变化的部分。

4.3.2　数据清洗

保证数据质量是数据处理最重要的前提。只有提高数据质量，才能支持各种数据处理方式，提高数据分析结论的有效性。针对海量原始数据中存在的不完整、不一致、格式有误或重复的“脏”数据，可以采用数据清洗技术，将不必要的数据“清洗”掉，从而提高数据的质量。数据清洗主要包括对已接收的数据进行辨析、抽取、清理、融合等操作。

（1）辨析：辨别分析原始数据中的有用数据，解析出可以进行下一步处理的数据。

（2）抽取：其实质是将复杂的数据简单化。由于采集数据的结构类型不固定，而抽取可以将复杂的数据单一化、结构化，从而提高数据的处理效率，减少数据分析的工作量。

（3）清理：采集的数据并非全部都有价值，总会存在干扰数据，即无用的，甚至是完全错误的数据，清理工作的重点是对数据“去噪”，将干扰数据清除，以提高抽取数据的准确性和处理数据的效率。数据清理的基本过程如图 4-6 所示。

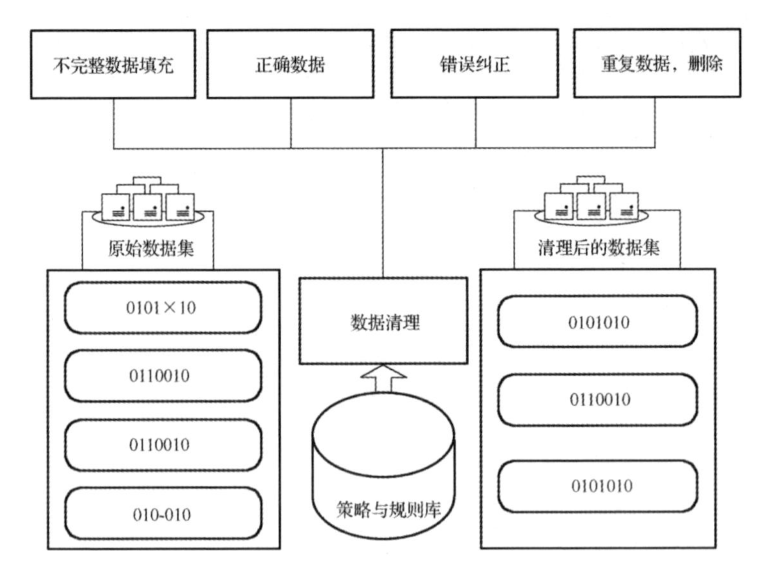

图 4-6　数据清理的基本过程

（4）融合：针对大数据的数据异构性特点，可通过多种融合引擎将不同类型的数据汇总到统一的数据集中。数据融合技术如图 4-7 所示。

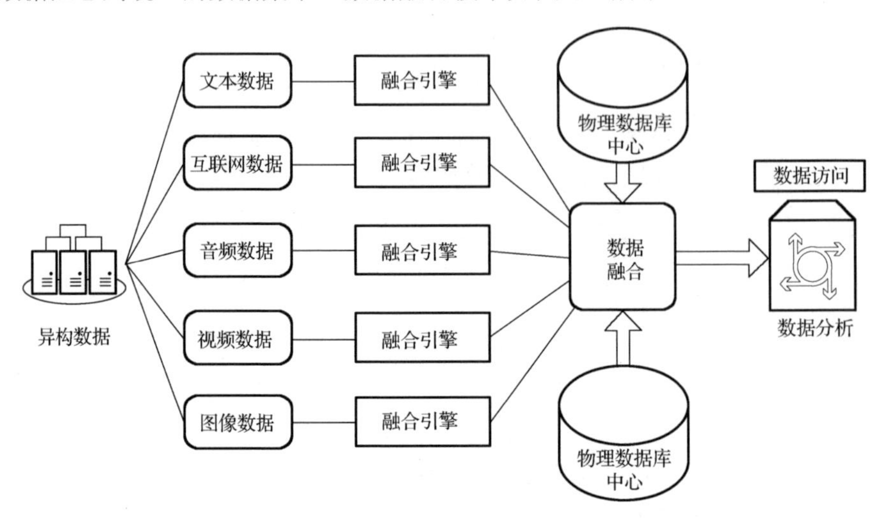

图 4-7　数据融合技术

4.4　数据存储与管理

大数据中存在文本、图像、音视频等非结构化数据，在存储这些数据时还需要考虑不同大数据应用的特点，因此需要从多个角度和层次对大数据进行有效的存储和管理。

4.4.1　分布式文件系统

分布式文件系统（DFS）基于客户机/服务器模式，其关注重点是可扩展性、可靠性、性能优化、易用性及高效元数据管理等关键指标。当前，DFS 主要以 HDFS 为主。HDFS 采用冗余数据存储方式，可以提高数据的可靠性，加快数据的传输速度。相比其他文件系统，HDFS 具有以下优势。

（1）支持海量数据存储：支持 TB 和 PB 级数据的存储。

（2）兼容廉价设备：可运行在廉价商用硬件集群中，特别是当遇到数据节点故障时，能够继续运行且用户察觉不到明显中断。

（3）硬件故障检测和快速自动恢复：集群环境中的硬件故障是一个常见问题，在 HDFS 的设计中，当数据节点出现故障时，可以从其他节点找到数据，同时管理节点可以通过心跳机制检测数据节点是否存活。

（4）流数据访问：运行在 HDFS 上的应用程序可以以流的形式访问数据集，HDFS 被设计为适合批处理，而不是适合用户交互式处理。

（5）简单一致性模型：对于外部用户，无须了解 HDFS 底层细节。

（6）高容错性：采用冗余数据存储方式，数据自动保存多个副本，副本丢失后数据可自动恢复。

4.4.2　非关系型数据库

传统的关系型数据库在应付超大规模和高并发的社交类纯动态网站时已力不从心，而非关系型数据库（Not Only SQL，NoSQL）则由于其本身的特点得到了迅速发展。NoSQL 可以解决大规模数据与多类型数据带来的存储难题。与关系型数据库相比，NoSQL 具有弹性可扩展、数据模型敏捷、紧密融合云计算和支持海量数据存储等特点。以下是几种常见的 NoSQL。

1. 键值数据库

键值数据库主要使用哈希表模型，表中有特定的键和指针指向特定的数据，其优势在于简单、易部署。但是，如果用户只对部分数据进行查询或更新，键值数据库的效率就会大大降低。

2. 列数据库

列数据库通常用来处理分布式存储的海量数据。列数据库中键仍然存在，但指向多个列。

3. 文档数据库

文档数据库中的数据以特定格式的半结构化文档形式存储。文档数据库允许嵌套键值，因此比键值数据库的查询效率更高。

4. 图数据库

图数据库使用灵活的图形模型来存储数据，并能扩展到多个服务器。

4.4.3 多维索引技术

维度指观察数据的角度。多维数据（Multidimensional Data）指多维空间中的数据，如二维空间中的点、矩形、线段，三维空间中的球、立方体，以及高维空间中的点数据等。

一般来说，多维数据具有结构复杂、数据海量、动态、操作多样化、时间代价大等特点。在实际操作中，可能经常需要从各类数据库，尤其是多维数据库中提取特定的数据。例如，在图像处理方面，需要从图像数据库中找到与特定要求最符合的图像；在关键字处理方面，需要在微博中搜索含有指定关键字的微博内容等。因此，数据库的索引结构需要根据数据的不同而变化，而传统的数据索引结构（如B-树等）无法适用于多维数据，需要寻找新的索引结构。

根据数据集的属性不同可以将其分为维度和度量两种。维度用来描述度量，度量是指分析处理的对象。两者在多维空间的映射相当于坐标轴和点的关系，即维度（坐标轴）描述度量（点）的属性。多维索引技术参考了这一概念。图4-8所示为多维索引技术在微博信息检索中的应用。该微博数据集有用户、时间、关键字三个维度，内容是度量属性。

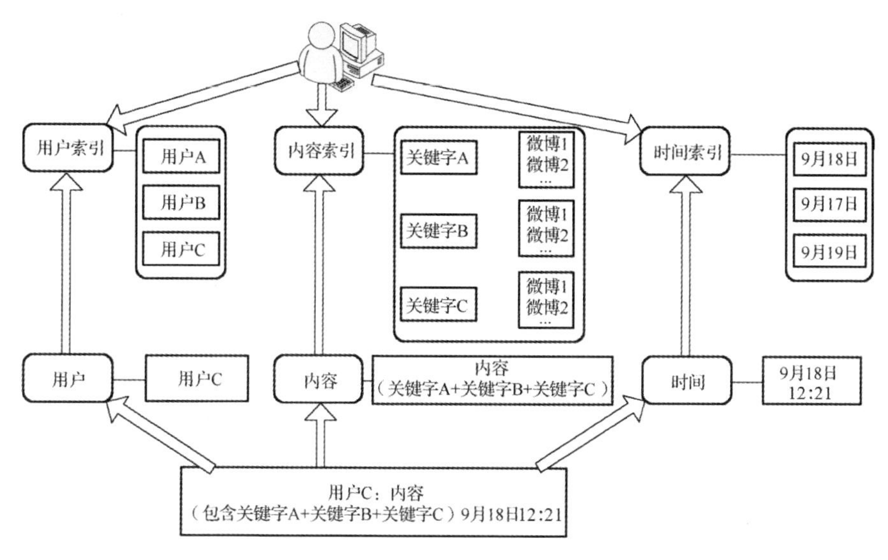

图 4-8　多维索引技术在微博信息检索中的应用

为了在多维数据库中准确、快速地查找，多维索引的结构和技术需要具备如下特征。

（1）支持动态构造：为了使数据库能够任意输入或删除数据，索引结构必须支持动态增删操作。

（2）支持多级存储管理：索引结构只有采用多级存储管理，才能将庞大的数据库完整地缓存到主存中。

（3）支持多样性操作：尽量支持较多类型的操作，不能为了支持某类特定操作而牺牲其他操作。

（4）对输入数据的类型及输入顺序无要求：支持各类型数据，并且对输入顺序也无固定要求。

（5）具备可增长性：随着数据库规模的增长，索引结构也要随之改变。

（6）具备时间、空间有效性：查找速度足够快，索引结构尽量小，以保证一定的时间效率和空间利用率。

（7）具备并行性和可恢复性。

4.4.4 其他存储技术

1. NewSQL

NewSQL 是指新的可扩展、高性能数据库，通常采用分布式系统架构，利用基于内存的 SQL 引擎和轻量级的事务支持等来提高性能，并保持了传统数据库支持 ACID［原子性（Atomicity）、一致性（Consistency）、隔离性（Isolation）、持久性（Durability）］和 SQL 等特性。

2. 云存储

为了充分利用网络中闲置的分布式存储设备，云存储利用虚拟化、负载均衡等技术，将这些设备通过软件集合起来，共同为用户提供数据存储服务。云存储的存储成本低，并且具备良好的扩展性。云存储的基础架构包括存储层、基础管理层、应用接口层和访问层。

3. 数据中心

数据中心用来在网络基础设施上传递、加速、展示、计算、存储数据信息。数据中心通常由基础环境、硬件设备、基础软件和应用支撑平台组成。根据性质或服务对象不同，数据中心可以分为互联网数据中心和企业数据中心。

4.5 数据挖掘与分析

大数据之所以具备战略意义，不在于其掌握的数据量如何巨大，而在于通过对大数据的处理，可以获取更多深入的、有价值的信息并加以利用，从而有效提升竞争力。数据挖掘与分析是挖掘大数据价值的最主要的手段。

4.5.1 数据挖掘的过程

数据挖掘是指从海量数据中挖掘出隐藏的、有价值的知识或信息。数据挖掘技术升华了查询技术的概念，使简单查询深入挖掘知识的层面，并在此基础上提供高层次的决策支持。但是由于数据量庞大、不完全且模糊，因此针对大数据的数据挖掘仍是一个难题。数据挖掘技术涉及的领域极其广泛，不仅包括大数据领域，而且与人工智能、数据库、数理统计、并行计算及可视化技术等多个研究领域有关联，是当今信息领域的一个新技术热点。数据挖掘的主要过程如下。

（1）分类：根据数据对象的属性和特征建立不同的组来描述数据对象的类别。

（2）聚类：将数据对象集合分成由类似的数据对象组成的多个类。

（3）发现关联规则和序列模式：关联是两种数据对象之间的关系，而序列是数据对象之间时间或空间纵向的联系。

（4）预测：从分析数据对象的特征出发，预测数据对象的发展趋势。

（5）偏差检测：对于极少数特例，详细分析数据对象异常的内在原因。

跨行业数据挖掘标准流程（Cross-Industry Standard Process for Data Mining，CRISP-DM）模型在各种知识发现过程模型中占据领先位置。它可分为以下六个步骤，如图 4-9 所示。

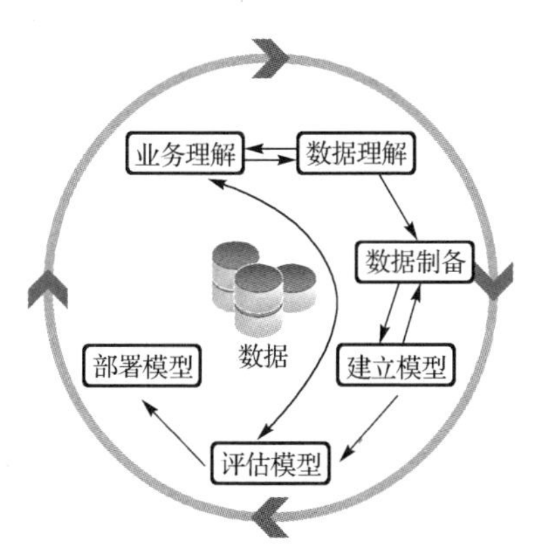

图 4-9　跨行业 CRISP-DM 的步骤

1. 业务理解

该步骤包括四个方面：详细分析业务需求；准确定义问题的范围；准确定义计算模型所需要使用的度量；准确定义数据挖掘项目的具体目标，并拟订完成目标的初步计划。

2. 数据理解

该步骤的核心任务是判断数据的质量，具体包括熟悉数据的含义和特性，过滤、整理出适合分析的数据，进而评估数据的质量，找出影响力最大的数据，发现数据之间隐含的相关性。

3. 数据制备（数据准备）

该步骤不仅包括准备数据，还包括从收集数据到构建数据集的一系列工作。该步骤有可能需要反复进行，主要是为了对各种不同来源的数据进行清洗和整理分类，使数据能达到供给数据挖掘模型工具使用的要求。

4. 建立模型

该步骤是对数据制备步骤中预处理过的数据采用相关挖掘技术，选择和建立不同的分析模型。由于同一个问题可能有多种解决方案，也就有多种适合的分析技术，但不同的技术对数据的要求不同，因此反馈到数据制备步骤就需要反复进行并提供合适的数据格式。

5. 评估模型

该步骤的工作重点在于检验模型的性能，以确保达到业务要求。在此步骤中，需要在不同的配置中建立多个模型，然后逐个进行测试，对比结果找出最优解。

6. 部署模型

模型构建完成并不代表任务结束。用户需要通过部署和运行模型，从大量数据中获取知识，而且获取的知识要能够方便用户重新组织和观察数据。

4.5.2 新型数据挖掘技术

1. 特异群组挖掘

特异群组挖掘（Abnormal Group Mining，AGM）是指将数据集内少部分具有相似性的数据对象划分到若干个组中。这个组叫作特异群组，是一种典型的高价值、低密度的数据形态。特异群组具有特殊性、异常性、强相似性、高黏合性等特点。朱扬勇教授团队提出了易于理解和应用的特异群组挖掘的形式化描述及其实现算法。目前，特异群组挖掘需要进一步深入研究其问题的形式化，探讨特异群组的特异性度量，设计挖掘新算法，构建适合该任务的标签数据集。

特异群组挖掘在证券金融、医疗保险、公共安全、生命科学等社会和科学领域都有应用需求，对发挥大数据在诸多领域的应用价值具有重要意义。例如，监测威胁公共安全的突发群体事件、发现社交网络中影响网络环境的特异群组、识别电子商务欺诈行为等。

2. 图挖掘

图是一种用来描述数据对象之间复杂关系的数据结构。当前很多系统网络，如社交网络、万维网、通信网络的数据都是以图的形式存在的。如何挖掘图中潜在的价值是亟须解决的问题，近年来引起了产学两界的广泛研究与讨论。图挖掘（Graph Mining）技术除具有传统挖掘技术的性质外，还具有数据对象关系复杂、数据表现形式丰富等特点。图挖掘技术主要包括以下几个方面。

1）图分类

图分类是指根据图的特征子图构建分类模型，并通过分类模型对图进行分类。根据图是否有标签节点或训练元组类号，图分类可分为无监督分类、有监督分类和半监督分类；根据分类模型的不同，图分类可分为基于频繁子图模型的分类、基于概率子结构模型的分类和基于核函数模型的分类。

2）图聚类

图聚类是指在考虑边结构的条件下，将图中节点划分成簇，划分后的簇能更好地提取和分析数据对象。根据识别簇的不同，图聚类可分为簇适应算法和基于顶点相似性的算法。其中，簇适应算法包括基于网格的算法和基于密度的算法；基于顶点相似性的算法包括基于邻接矩阵的算法、距离相似性算法和连通性算法。基于不同的度量准则，图聚类还可分为基于顶点结构相似度的聚类、基于属性相似度的聚类及基于顶点结构和属性相似度的聚类。比较经典的图聚类算法有 Kernighan-Lin 算法、谱聚类算法、GN 等。

3）图查询

图查询是指输入检索图，在图数据库中查询与检索图相同或相似的图。图查询包括可达性查询、距离查询和关键字查询。可达性查询用来判断节点间是否存在路径，距离查询可获取节点间的最短路径，关键字查询可发现节点间的关系及与关键字相关的节点。图查询的经典算法是 BANKS 算法和双向查询算法，但这类算法无法知道图的整体结构及关键字的分布情况，使查询无目的。

4）图匹配

图匹配是指从图数据库中找出与给定输入图匹配的所有子图。根据匹配精确度的不同，图匹配可分为精确图匹配和非精确图匹配。其中，精确图匹配包括最大公共子图、最小公共子图及子图同构等方法，非精确图匹配的代表方法是编辑距离算法。

5）频繁子图挖掘

频繁子图挖掘是指挖掘图中出现次数大于最小支持度的公共子结构。频繁子图挖掘包括基于贪心搜索的算法、基于深度优先遍历的算法、基于广度优先遍历的算法及处理大规模图的最大频繁子图挖掘算法。

4.5.3 相似性连接技术

相似性连接（Similarity Join）是指在一个或多个数据源中寻找满足相似度定义的数据。在大数据环境下，相似度的计算代价很大，尤其是当数据类型比较复杂或数据维度比较高时，计算将非常耗时。同时，传统的集中式算法或串行算法已经不能在可接受的时间内完成大规模数据集的相似性连接任务。因此，借助MapReduce，设计具有良好扩展性的相似性连接算法，成为目前大数据相似性连接的重要研究内容。

根据数据对象类型的不同，大数据相似性连接可分为集合、向量、空间数据、字符串、图数据等相似性连接。

1. 集合相似性连接

集合相似性连接广泛应用于文本分类、聚类及重复网页检测等方面，文本、网页都可以表示为单词的集合。集合的相似性度量包括杰卡德相似度、余弦相似度、重叠相似度和Dice相似度等。根据采用技术的不同，集合相似性连接可分为穷举方案、前缀过滤、Word-Count-Like、混合方案、基于划分的方法和基于位置敏感哈希的方法。

2. 向量相似性连接

向量相似性连接针对的数据类型是向量，包括低维向量和高维向量。例如，图形、图像、Web文档、基因表达数据等经过处理，都可表示为向量。向量的相似性度量包括杰卡德相似度、余弦相似度、欧氏距离和闵可夫斯基距离等。根据返回结果的不同，向量相似性连接可分为基于阈值的连接、Top-k连接和KNN连接。

3．空间数据相似性连接

空间数据相似性连接是指给定两个空间数据集 R 和 S，找出所有满足空间关系要求的空间数据对。其中，空间数据可以是点（兴趣点，如房屋、商铺、邮筒、公交站等）、线（如街道等）、多边形（如住宅小区、医学图片中的细胞等）等，空间关系可以是欧氏距离、相交（重叠）等。根据返回结果的不同，空间数据相似性连接可分为相交连接、空间聚集连接等。

4．字符串相似性连接

字符串相似性连接使用 k 中心点和倒排索引对原数据集进行分组，然后求解问题，并利用迭代划分的思想及全过滤技术，降低计算代价和通信代价，改善算法的性能。

5．图数据相似性连接

图数据相似性连接主要处理图结构数据，典型方法包括基于前缀过滤的可扩展算法、基于编辑距离的“过滤—验证”机制算法和基于 MapReduce 的高效资源描述框架（Resource Description Framework，RDF）数据连接方法等。

4.5.4　面向领域的预测分析技术

1．通用分析

目前，需要分析的海量数据包括异构数据类型，甚至包括可能改变统计和数据分析方法的流数据，传统分析技术无法对这类数据进行分析。因此，大数据研究者专门设计用于处理大量异构数据的先进技术，以改进传统数据分析过程。复杂类型的分析技术包括描述性分析、预测性分析和方案性分析，如图 4-10 所示。

（1）描述性分析：提供关于所发生事情的信息。基于历史数据，使用统计描述（如统计摘要、相关性和抽样等）和聚类（如 K 均值等）方法开发新的描述模式。

（2）预测性分析：使用新的统计方法和预测算法（如决策树等），预测未来的结果。

（3）方案性分析：一种进阶的分析技术，通过对“现在怎么办”问题的回答来分析可能的结果，从而得出最佳的解决方案。

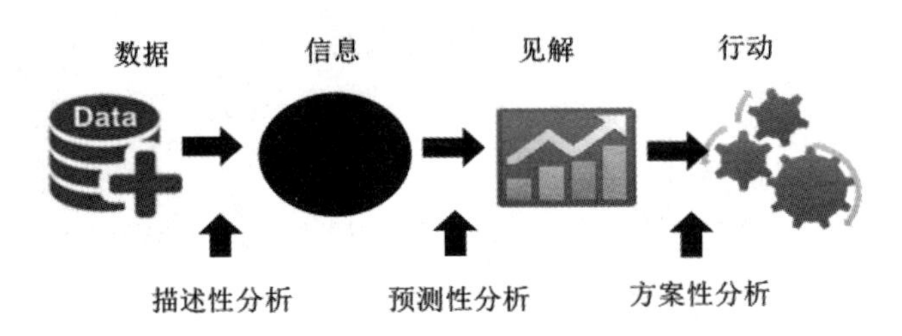

图 4-10　分析技术的类型

2. 用户兴趣分析

互联网用户的所有网络访问活动均源于其内在的兴趣，而其兴趣直接通过网络访问活动呈现。基于源自兴趣的用户活动，进而从表层现象入手来挖掘内在信息，已经成为当前主流的用户兴趣主动挖掘方式。用户兴趣分析技术将大量的用户活动数据汇聚，并按照一定的模型，经过过滤、筛选、分析多个步骤，最终分析得到用户的兴趣。目前常用的用户兴趣模型主要有以下几类。

（1）基于贝叶斯的用户兴趣模型：通过运用贝叶斯模型的统计和分析预测功能，改善用户兴趣分析中存在的随机和不确定的问题。

（2）基于本体的用户兴趣模型：基于本体理论对概念性理论的精确描述，运用本体表示用户兴趣并展开综合性的理论分析求证，使研究结果更加准确。本体空间兴趣建模有两种方法：一是直接将用户兴趣模型抽象为本体；二是从本质上分析用户兴趣模型，将其转化为最根本的理论概念。

（3）合作过滤兴趣模型：通过在互联网上大规模采集相关信息，并进行整理分析，找出用户的兴趣。

（4）基于模糊理论和粗糙集的用户兴趣模型：引入模糊理论进行聚类分析，构建用户兴趣模型，其中关键是寻找满足数学需求的隶属函数。模型可将各自的兴趣度归纳到模糊方法所构造的群体活动组中，按照某种非线性关系，将用户的行为特征与先验兴趣度组成二元组。

（5）兴趣粒子模型：采用颗粒概念来细化用户兴趣，将用户兴趣抽象为粒子结构，用粗粒子表示综合性的用户兴趣块，用细粒子表示具体的兴趣关键点和主题，以此来实现基于用户兴趣的精准服务。

3. 情感语义分析

情感语义分析是对带有情感色彩的文本进行分析、处理、归纳和推理，从而获得相关对象的情感信息。它主要包括主客观分类、情感分类、情感极性判断等。

1）主客观分类

实现情感语义分析的前提是将文本中的主观句与客观句分类。主观句主要描述作者对事物、人物、事件等个人或群体、组织等的想法或看法。只有识别出主观句后，才能对它进行情感极性判断，即判断其为褒义还是贬义。

2）情感分类

情感分类主要用来区分自然语言文字中表达的观点、喜好，以及与感受和态度等相关的信息。它主要包括基于情感词典的情感分类和基于机器学习的情感分类。

基于情感词典的情感分类研究首先利用已有语义词典资源构建情感词典，然后通过比对情感文本中所包含的正向情感词、负向情感词，标记正、负整数值作为情感值，同时也要考虑一些特殊的词性规则、句法结构，如否定句、递进句、转折句等对情感极性判断的影响。

基于机器学习的情感分类主要包括特征选择、特征权重量化、分类器模型。特征选择主要有基于信息增益、基于卡方统计、基于文档频率等方法；常见的特征权重量化指标包括布尔权重、TF（词频）、IDF（逆文档频率）、TF-IDF、熵权重等；分类器模型包括朴素贝叶斯模型、支持向量机模型、K 近邻模型、神经网络模型、决策树模型、逻辑回归模型等。

3）情感极性判断

情感极性判断指判断文本内容所反映的正面或负面、肯定或否定、褒义或贬义的色彩。从机器学习的角度分析，相比情感分类，情感极性判断是二分类问题，而前者属于多分类问题。情感极性判断主要包括基于情感词典的情感极性判断和基于机器学习的情感极性判断。对情感极性判断的研究主要集中于情感词语极性判断和情感文本极性判断两个方面。情感词语极性判断主要有两种研究方法：一种是基于语义词典进行判断；另一种是基于大规模语料库进行判断。

情感语义分析在信息检索、社交网络、舆情监控、语音识别、机器翻译、推荐系统中有着广泛的应用。例如，在商品评论分析中，可以利用情感语义分析对互联网商品的评论信息进行挖掘，帮助消费者优化购买决策，促使生产商和销售商改进商品服务；在网络舆情分析中，可以利用自动化的情感语义分析技术分析公众对热点事件的看法，协助社会管理者及时对这些舆论进行反馈。网络舆情的情感语义分析示意图如图 4-11 所示。

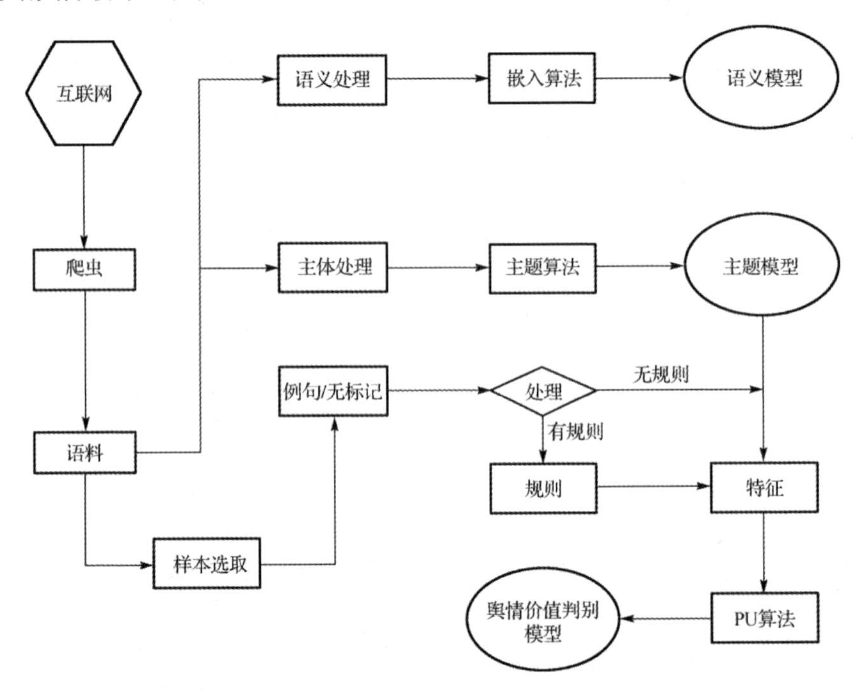

图 4-11　网络舆情的情感语义分析示意图

4.6　数据可视化

数据可视化技术的核心是将数据与数据之间的关系用图形或其他易于理解的表现形式呈现给用户，其主要研究的任务是将数据分析结果形象地呈现给最终用户，以便提供便于用户接受的界面。

4.6.1　文本可视化

文本可视化能够将文本中潜在的语义特征（如词频、逻辑结构关系、主题聚类等）直观形象地展示给用户。文本可视化的具体技术有以下几种。

1. 标签云

标签云（Tag Clouds）是一种常见的文本可视化技术。它将关键词根据词频或其他规则进行排序，并按照一定的规律进行布局，用大小、颜色等鲜明的图形特征对关键词进行可视化处理。

2. 文本结构可视化

根据描述内容的不同，文本一般蕴含相应的逻辑层次结构。文本结构可视化有两种方法：一种是将文本结构以树的形式进行可视化，同时可以展现相似度、修辞结构等，如 DAViewer；另一种是以放射性多层圆环的形式展示文本结构，如 DocuBurst。

3. 文本动态可视化

对变化的文本进行可视化是文本可视化的难点，主要方法是引入时间轴。例如，主题河（ThemeRiver）以河流为参照形式，用河水流淌代表时间序列，将文本中的不同主题用不同颜色表示；文本流（TextFlow）在主题河的基础上展示了主题的合并和分支关系及变化情况；事件河（EventRiver）将用文本描述的新闻事件进行聚类，以气泡的形式展现新闻事件。

4.6.2　网络可视化

网络拓扑关系是指数据集内各节点之间的关联关系。实现网络拓扑关系的可视化是数据可视化的重点内容。

1. 图可视化

基于节点和边连接的网络拓扑结构，直观表现了网络中潜在的模式关系，是网络可视化常用的手段之一。

经典的图可视化技术一般采用具有层次特征的典型方法，如 H 树、圆锥树、放射图、双曲树等。此外，空间填充法也是经常采用的可视化方法，如树图及其改进技术。以上图可视化方法的特点是图节点之间的关系表达直观，但难以支撑大规模（如百万量级以上）图的可视化。

2．图简化

针对上述图可视化方法的不足，有学者提出用图简化方法来实现大规模图的可视化。图简化方法大致分为以下两类。

一类是对边进行聚集处理。例如，基于边捆绑的方法，可使复杂网络的可视化效果更为清晰；基于骨架的图可视化技术，根据边的分布规律计算出反映边聚集的骨架，再基于骨架对边进行捆绑。

另一类是分层聚类与多尺度交互。将大规模图转化为分层树结构，并通过多尺度交互对不同层次的图进行可视化。例如，可视化工具 ASK GraphView 能够对多达 1600 万条边的图进行分层可视化。

3．网络动态可视化

除网络拓扑的静态呈现外，大数据网络结构还具有动态演化性。因此，对网络的动态演化进行可视化是网络可视化的重要内容。

网络动态可视化的关键是在图上反映时间属性，因此可在图中引入时间轴。例如，StoryFlow 是一个对电影或小说故事中人物关系发展进行可视化的工具，通过层次渲染的方式，反映各人物之间的复杂关系随时间的变化，并以基于时间线的节点汇聚的形式展示出来。

然而，关于在大数据环境下对各类大规模复杂网络的动态演化进行可视化的研究还很少，需要将复杂网络方法与大数据可视化交叉融合。

4.6.3　时空数据可视化

时空数据是指同时包含地理位置信息与时间信息的数据。物联网传感器与移动互联网终端的迅猛发展，使时空数据成为主流的数据类型之一。时空数据可视化的关键是对时空维度及相关的数据对象属性进行可视化建模表示。

1．流地图

流地图是一种将数据对象属性可视化的典型方法，可以将时间事件流与地图融合，反映数据对象随时空发展的行为变化。但是，当数据规模暴增时，传统流地图面临有限空间中大批图元交叉、覆盖等问题。因此，研究者借鉴大规模图可视化中的边捆绑方法，对时间事件流进行边捆绑处理。此外，基于密度计算对时间事件流进行融合处理的方法，也可以较好地解决该问题。

2. 时空立方体

为突破二维可视化的局限，有学者提出时空立方体方法，以三维可视化方式展现时间、空间及事件，但该方法同样面临大规模数据导致的密集、杂乱问题。一类解决方法是结合散点图和密度图技术优化时空立方体；另一类解决方法是对二维和三维可视化进行融合，如在时空立方体中引入堆积。

4.6.4　多维数据可视化

多维数据是指具有多个维度属性的数据，其广泛存在于关系型数据库及数据仓库中，如企业信息系统等。多维数据可视化要展示多维数据及其属性的分布规律和演化模式，并揭示不同维度属性之间的关联关系，主要方法是基于几何图形的多维数据可视化。

1. 散点图

多维数据可视化的主流方法是散点图，可大致分为二维散点图和三维散点图。二维散点图可将多个维度中的某两个维度属性集映射至两条轴上，在二维平面上通过标记不同视觉图形来反映其余维度属性，如通过不同的颜色、形状等表示属性的连续或离散。由于二维散点图的适用维度有限，有学者将其扩展至三维空间，通过可旋转的散点图方块扩展可映射维度的数目。

2. 投影

不同于散点图，投影是一种能够同时展示所有维度数据的可视化技术。例如，VaR 方法将各维度属性集通过投影函数分别映射到标记方块中，并根据维度属性之间的关联度对各个标记方块进行布局展现。投影可视化可以反映数据属性的分布规律，同时也能直观展示多维度属性之间潜在的语义关系。

3. 平行坐标

平行坐标将坐标轴与维度之间建立映射关系，多个平行坐标轴之间以直线或曲线映射表示多维数据信息。

有学者提出平行坐标散点图，将平行坐标与散点图、柱状图等集成，支持从多个角度使用多种可视化技术进行分析。同时，平行坐标在大数据环境下也面临大规模数据属性造成的映射密集、重叠、覆盖等问题。一种有效的解决方法是根据映射线条的聚集特征对平行坐标图进行简化，形成聚簇可视化效果。

4.7 大数据与新一代信息技术

4.7.1 大数据与物联网

物联网利用通信技术将物与物、人与物之间建立网络连接，通过网络实现远程管理控制及数据采集，而传感器负责从各种设备中采集所需要的数据。随着数据采集量的增多，对这些数据的处理与分析就需要用到大数据技术。因此，物联网是一个数据采集及交流平台，大数据则为充分分析与利用这些数据提供支持。物联网和大数据是共生关系，物联网丰富了数据的采集来源，大数据提高了物联网的信息处理效率。

大数据分析在数据的种类、速度和数量上有绝对的优势。而物联网采集到的数据具有种类多、速度快和数量大的特点，大数据技术正好契合了物联网数据的特点，为物联网数据的高效利用提供了支持。企业借助构建的物联网系统采集各种设备信息，然后使用大数据技术对这些信息进行分析和处理，形成具有企业特色的分析报告，提高企业核心竞争力。

4.7.2 大数据与云计算

大数据分析是针对海量数据的一种分析应用，强调数据的特性；而云计算是一种技术体制，强调技术基础架构。大数据分析可以借助云计算来开展，云计算可以为大数据提供存储和计算服务。根据企业的类型不同，其所需要的大数据分析业务也各有差别，此时需要的云计算服务也不同。公共云 IaaS 由云计算厂商提供软硬件，可以降低企业的运营成本，方便企业使用公共云进行海量的数据存储和计算；私有云 PaaS 则降低了企业对单个软硬件的管理成本；混合云 SaaS 则可以支持企业处理大量实时流数据，特别是社交媒体数据。

4.7.3　大数据与人工智能

人工智能是一门研究智能化理论及方法的技术科学。早期的人工智能以逻辑符号学为主；随着计算能力的增强，现在的人工智能则以统计学为主，此时需要以大量数据为基础。因此，大数据是人工智能“思考”和“决策”的基础。人工智能需要依赖大数据完成模型的训练和学习，大数据也需要人工智能技术对其进行价值分析。人工智能贵在“智能”，即通过智能地对数据进行分析和处理，指导下一步的操作；而大数据分析仅考虑从海量数据中获取想要的结果。

4.7.4　大数据与区块链

1. 安全数据存储

在讨论分布式数据存储技术时，区块链其实被视作一种底层技术支持的数据结构和接口，并有通用的标准 API 和开发者工具。任意时间、技术和语言开发的不同应用和操作型数据库，均可经由一系列步骤将重要信息写入区块链，并从区块链中获取已有信息。影响未来大数据成败的关键是如何打破“数据孤岛”，形成开放的数据共享生态系统。而区块链作为一种无法篡改的、具有全历史记录周期的分布式数据库存储技术，在强调透明性、安全性的大数据环境场景下拥有充分的施展空间，能够有效解决当前大数据遇到的问题。

2. 可靠数据保护

数据隐私保护一直是大数据发展历程中被人诟病的痛点，在运用大数据的过程中提倡的数据互联互通、数据开放共享实际上与保护数据隐私之间存在难以调和的矛盾。在大数据中利用多签名私钥、加密技术、安全多方计算等区块链技术，能够实现仅允许获得授权的用户才能访问数据。去中心化的区块链或以区块链为基础的平台既可以统一存储数据，还可以进行数据分析，且无须访问原始数据。这样既可以保护数据的私密性，又可以提供安全可靠的开放共享服务。

3. 数据资产交易

目前，第三代区块链可以将资产数字化并进行注册、确权、交易，持有私钥的人拥有数据资产的所有权，并能够通过向另一方转移私钥或资产实现出售资产的行为。若将大数据也视为资产，则可以通过区块链实现大数据资产的注册、确权和交易。由于区块链支持多种资产的流通和转换，因此大数据资产可以利用区块链的智能合约机制，在区块链平台参与交易，实现类似大数据交易所的功能。此外，利用智能合约技术可以实现租借、购买、转账等数据共享业务，智能合约还可以在完成逻辑编写后自动执行，从而实现数据共享的自动化交易。

4.8 知识图谱

大数据为各行各业数据的采集、处理与利用提供了有力的支撑。同时，如何更加有效地将数据转化为可供管理与决策的知识受到普遍的关注。知识图谱作为一种新兴的数据转化与知识化表达技术，正在许多行业与领域内得到应用和发展。

4.8.1 知识图谱概述

知识图谱的兴起与知识工程、人工智能、语义网络的发展密不可分。1977 年，图灵奖获得者、美国斯坦福大学荣誉退休教授爱德华·费根鲍姆（Edward Feigenbaum）最早提出了“知识工程”的概念，并指出智能行为的实现依赖于知识，特别是特定领域的知识。随后，越来越多的研究者投入知识工程、专家系统的相关研究中。1987 年，奎林（J. R. Quillian）用网络的形式表达人类的知识构造，并提出了“语义网络”（Semantic Network）的概念，用更具人类认知特点的“图”来表示知识的结构化特征。

谷歌于 2012 年发布了新一代搜索引擎。除按照关键词匹配模式为用户呈现检索结果外，它还可以同时展示与关键词涉及的实体有关的其他信息，如人物、事件等。这些信息来源于从维基百科（Wikipedia）中抽取出来的以关联实体及其属性为核心的知识网络，而支持这一功能的，正是知识图谱（Knowledge Graph）。

知识图谱可以将各种不同来源与类型的知识连接在一个能体现出各种关系的网络中，从而既表达出所要展示的知识内涵，又揭示了它们之间的各种联系。例如，在知识服务中，利用知识图谱构建能够刻画现实世界的知识体系，可以为实现基于深层语义的自动问答和信息检索提供有力的支持；在政府决策管理中，构建体现决策要素与流程等复杂关系的决策知识图谱，可以为决策管理者提供从“关系”视角观察事物与分析问题的能力。

4.8.2　知识图谱的特征与分类

1．知识图谱的特征

知识图谱的功能是以可视化的方式表达知识及其之间的关系。知识图谱的构建既涉及知识内容的表达能否被计算机形式化处理，又涉及计算机处理后输出的内容能否为人类认识与理解，进而衍生出相应的应用。因此，围绕上述内容，知识图谱的主要特征体现在以下几个方面。

（1）知识形式化组织的易统一性。知识图谱以统一的三元组形式表达实体的二元关系，并以此对知识进行定义和描述，这一方式有利于使用自然语言处理技术和机器学习方法自动表达与获取知识。同时，描述形式的统一也便于不同类型知识的集成。知识图谱以 RDF 规范形式对知识和实例数据进行统一表示，并通过实体对齐等操作对异构知识进行消歧和融合，从而实现大规模、跨领域、高覆盖的知识采集、存储与利用。

（2）知识内容表达的易理解性。知识图谱以图结构为基础，以实体和实体之间的关系为基本组成元素，这种简洁的表达方法更贴近人类的认知，因此无论是专家还是大众都更容易理解知识图谱所表达的内容。这一特征降低了对知识图谱构建人员的专业知识和技能的要求，为以“众包”方式扩充和完善知识提供了便利，降低了大众广泛参与知识图谱构建的认知成本。

（3）知识推理实现的易操作性。知识图谱图结构的表达形式可将隐含在知识节点之间的关系建立并呈现出来，结合图论的前沿研究，优化针对节点、路径遍历搜索的算法。知识图谱可以支持复杂过程的推理任务，突破了传统知识表达形式中知识关联路径难以体现的局限，同时提升了知识推理的能力与效率。

（4）知识应用普及的易达成性。知识图谱以人类易于接受与理解的方式呈现知识内容，同时其具有的知识组织和推理能力大大提升了知识应用效果的可见性，使其在语义搜索、情报搜集、智能问答、个性化推荐等方面展现出传统技术无法企及的优势，快速在金融服务、政府监管、智能商业、智能医疗等领域获得广泛的应用。同时，知识图谱也是这些领域实现人工智能应用不可或缺的基础资源。

2．知识图谱的分类

知识是知识图谱的核心构成，也是人类在认识客观世界与改造客观世界的过程中所形成的主观认知的产物。它通过不同的知识载体表现出来，并应用到不同的领域或行业中。因此，从看待知识的不同角度出发可以将知识图谱划分为不同的类型。

（1）按照知识的主客观属性进行分类，知识图谱可分为客观知识图谱和主观知识图谱。前者用于描述客观存在的确定性事实知识及其之间的关系。这类事实知识在一定时间内是不会改变的，具有相对的稳定性和客观性，如事件发生的性质、时间、地点、参与任务等。而后者则用于反映人的主观感受及其之间的关系，如商品的用户评价、电影的观众打分等。在现实生活中，由个体的主观感受组成的群体观点在一定程度上也属于一种客观事实，这类知识图谱的构建可从客观性角度出发进行设计。

（2）按照知识的载体与表达内容进行分类，知识图谱可分为文本知识图谱、图像知识图谱和多模态知识图谱。文本知识图谱主要以各种类型的文本数据为研究内容，着重于不同数据结构下的文本内容获取和处理方法、文本的语义理解、基于文本的知识表示和知识推理等内容，主要用于基于语义的内容检索、多数据源情报分析等方面，是目前最广泛的知识图谱类型。图像知识图谱主要以静态图像和动态视频关键帧等图像数据为研究内容，进行基于图像的知识表示、处理和理解等操作。图像数据的总量大，内容和形式也越来越多样化，在人们的日常生活中有着十分重要的地位。同时，在人机交互、机器人智能感知等人工智能领域，对图像数据的理解也是关键环节。目前，图像知识图谱主要用于语义图像检索等方面。多模态知识图谱是文本知识图谱和图像知识图谱的结合，用于实现视觉和文本相结合的知识问答等。

（3）按照知识的应用领域进行分类，知识图谱可分为通用知识图谱和行业知识图谱。通用知识图谱通常面向全领域，覆盖面强调“广”，尤其是实体覆盖面，如百科知识图谱 Freebase、DBpedia、YAGO，语言知识图谱 WordNet、中文知网词库 HowNet，常识知识图谱 Cyc、ConceptNet 等。行业知识图谱相对通用知识图谱而言，面向的是某一特定领域，覆盖面强调“专”，如 SIDER 医学知识图谱、IMDB 电影知识图谱、MusicBrainz 音乐知识图谱等。这类知识图谱专注于具体的应用领域，针对特定的范围，尽可能全面地涵盖行业知识，且数据格式与内容更加严格和规范，是目前被看好的知识图谱应用场景。

4.8.3　知识图谱的构成

知识图谱以统一的表达形式对实例数据定义和具体知识数据进行描述，通常使用三元组形式对知识单元与体系进行资源描述和存储。每个实例数据使用约定的“框架”进行描述，并在此约定下将数据进行结构化转换，与已有的结构化数据进行关联，从而转变为可用的“知识”。这里的“框架”指对知识的描述和定义，知识框架和实例数据共同构成一个完整的知识体系。

从图结构的角度来看，实体是知识图谱中的节点，连接两个节点的有向边即实体之间的关系。例如，一个简单的市场主体知识图谱组成的内涵如下（见图 4-12）。

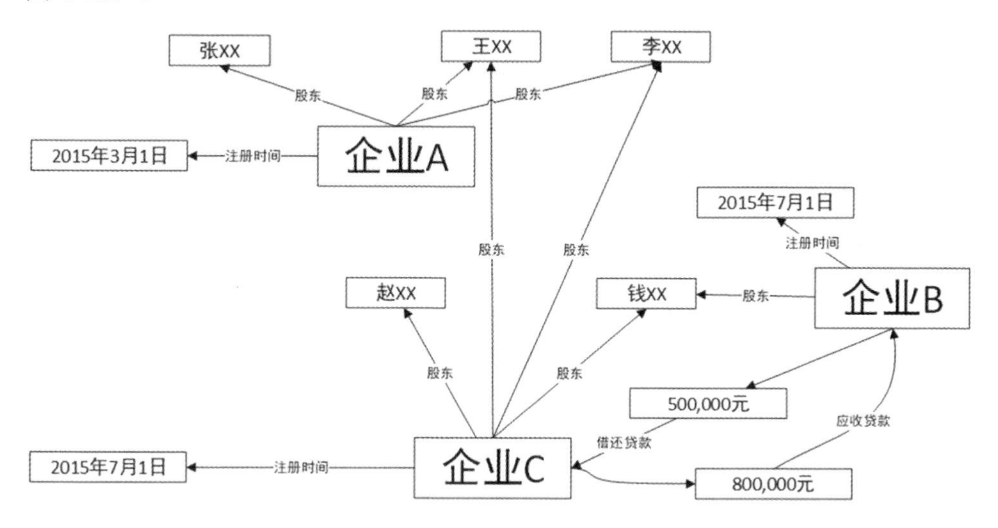

图 4-12　市场主体知识图谱组成示意图

（1）节点。节点用于表示实体、事件等对象，人物、地点、具体事件都可以作为图中的节点。例如，在刻画市场结构关系时，节点可以用来表示各市场主体、自然人，体现彼此间的构成形式；在刻画市场经济活动时，节点可以用来表示各项经营内容、参与对象；在刻画具体事件时，节点可以用来表示事件名称、事件组成要素等。

（2）边。边是指图中连接节点的有向线条，用于表示不同节点之间的关系。例如，两个自然人之间的合伙人关系、家庭关系；企业和自然人之间的股东关系、雇佣关系；实体之间的投资、交易关系；事件与事件要素之间的各类组成关系等。

（3）属性。属性用于描述节点或边的特性。例如，人物（节点）的姓名、股东关系（边）的起止时间等都是属性。

4.8.4 知识图谱的构建流程

关于知识图谱的构建，目前尚未形成统一的流程。虽然因研究者的不同产生了一些不同的流程，但是其各环节的内涵基本相同，均涵盖了知识体系构建、数据获取与预处理、知识实体识别与提取、知识实体关系解析与建立、事件与事件提取、知识融合与存储、知识计算与应用、可视化表达与图谱结果解读等内容。

在构建和应用知识图谱的过程中，最重要的环节是知识体系构建、知识获取、知识融合、知识存储、知识推理及知识应用等。

（1）知识体系构建即知识组织的形式化，核心是构建一个能够对目标领域进行描述的本体。在此本体中需要明确领域知识涉及的类（Classes），每个类中包含的概念（Concepts），各实体之间的关系（Relations），描述概念、实体的函数（Functions），领域内的公理（Axioms）、实例（Instances），以及基于该本体定义的推理规则。

（2）在知识图谱的常规任务中，知识获取的目标是从大量的数据中通过信息抽取的方式获取知识。这里的数据包含各种标准化信息系统里的结构化数据，报表、表格、网页中存储的各种类型的半结构化数据，以及大量以自然语言形式呈现的非结构化数据。从结构化和半结构化的数据源中获取知识相对简单，数据噪声小，通过编写脚本或人工编写模板等方式可较为便捷地得到高质量的结构化三元组；而从非结构化的数据源中进行实体识别和关系抽取则更为困难，其中涉及复杂的自然语言处理技术。

（3）知识融合是指融合各层面的知识，构建不同数据源之间的关联。不论是通用知识图谱，还是行业知识图谱，往往都会面临处理多个数据源的问题。这些数据源因来源不同，其结构、语言等都可能存在较大的差异。将不同来源的知识进行融合，可以有效补充和更新原有的知识，但同时面临去重、消歧等问题。从融合对象来看，知识融合包括对知识体系的融合和对实例的融合。前者是指将两个或多个异构的知识体系合并，对指代相同的类别、属性、关系相互进行映射，从而合并成一个更加全面的知识体系，但在进行映射时，往往会面临数据规范化处理和实例唯一性判断的问题；后者是指对于两个不同的实例直接进行融合，如实体实例、关系实例等，从而达到对原有实例的补充和更新，但同样面临实体判断与消歧的问题。知识融合的核心是处理不同知识来源或实例之间的映射关系，这种映射既有基于节点的映射，也有基于边的映射。从融合的知识图谱类型来看，知识融合可分为垂直方向的融合和水平方向的融合。前者是指融合不同层次的知识图谱，以完善知识图谱的体系结构，如融合通用本体和领域本体等；后者是指融合同一层次的知识图谱，以对其规模进行扩充。

（4）知识存储是指对已构建的知识图谱进行存储。知识图谱大多基于图结构，主要的存储方式为 RDF 格式存储和使用图数据库。前者采用 RDF 三元组的形式存储数据，如 Freebase 知识图谱对每条信息（Topic）使用结构化的三元组来保存。后者相较前者则更为通用，如目前典型的开源图数据库 Neo4j。这种图数据库的优点是具有完善的图查询语言且支持大多数的图挖掘算法，缺点是在数据规模增长后计算的时间过长。

（5）知识推理是指通过推理手段发现隐含的知识。由机器参与构建的知识图谱往往存在诸多信息缺失现象，如实体缺失、关系缺失等，在难以继续使用知识获取或知识融合的方法补全缺失的信息的情况下，采用推理手段从已有的知识中找出缺失内容就成为解决问题的有效手段。目前，知识推理的研究集中在缺失关系的补足上，即挖掘实体之间隐含的语义关系。知识推理的常规方法有基于逻辑规则的方法、基于表示学习的方法等。知识推理除了用于补全缺失的信息，还常常用于各类自动问答系统中。

（6）知识应用是指以智能搜索、自动问答、推荐系统、决策支持为基本形式的各类型应用服务。

第5章

大数据安全——固若金汤

随着经济数字化、政府数字化、企业数字化的发展，数据已经成为政府和企业最核心的资产。与此同时，数据安全也成为一大隐患。数据安全是指通过采取必要的措施，确保数据处于有效保护和合法利用的状态，以及具备保障持续安全状态的能力。2021年6月10日，第十三届全国人民代表大会常务委员会第二十九次会议通过《中华人民共和国数据安全法》。该法是我国在数据安全立法层面的一个重大里程碑，是我国数字经济高速发展的“压舱石”和“定海神针”。随着该法的出台和实施，数据资源将迸发出更大的活力，数字经济将取得更加蓬勃的发展。

5.1 大数据安全体系

5.1.1 大数据安全体系架构

大数据价值高、涉密多，因此其安全体系的构建尤为重要。针对大数据存在的安全风险和技术挑战，须建立大数据运行安全、大数据技术安全和大数据安全过程管理的大数据安全体系架构，如图5-1所示。

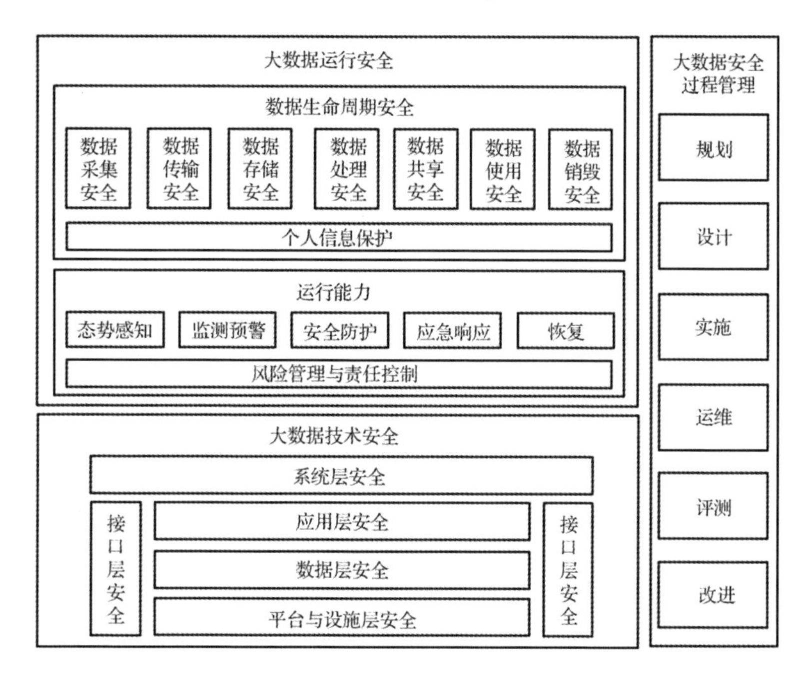

图 5-1　大数据安全体系架构

1．大数据运行安全

大数据运行安全主要关注整个数据生命周期安全。特别是对于涉及国家机密和个人敏感信息的数据，需要加强数据使用全过程的监控，确保数据的安全可控。另外，也需要加强应急响应和容灾备份，并对运行过程进行风险评估，确保运行过程的安全。

2．大数据技术安全

大数据技术安全包括平台与设施层安全、数据层安全、接口层安全、应用层安全和系统层安全。平台与设施层主要为上层的数据存储、处理提供支撑。平台与设施层安全主要包含大数据框架、大数据软硬件安全，如防止平台漏洞、硬件漏洞等。它作为业务的支撑层会直接影响上层业务的安全。数据层安全主要包含加密技术、融合技术、脱敏技术和溯源技术等。

应用层主要解决在业务应用范围内的安全问题，包括身份鉴别、信息管控、业务操作规范、证书管理等。系统层主要解决系统在与其他业务交互时面临的安全问题，包括边界防护、事件管理、入侵检测、防病毒等。

大数据技术安全分层框架如图 5-2 所示。

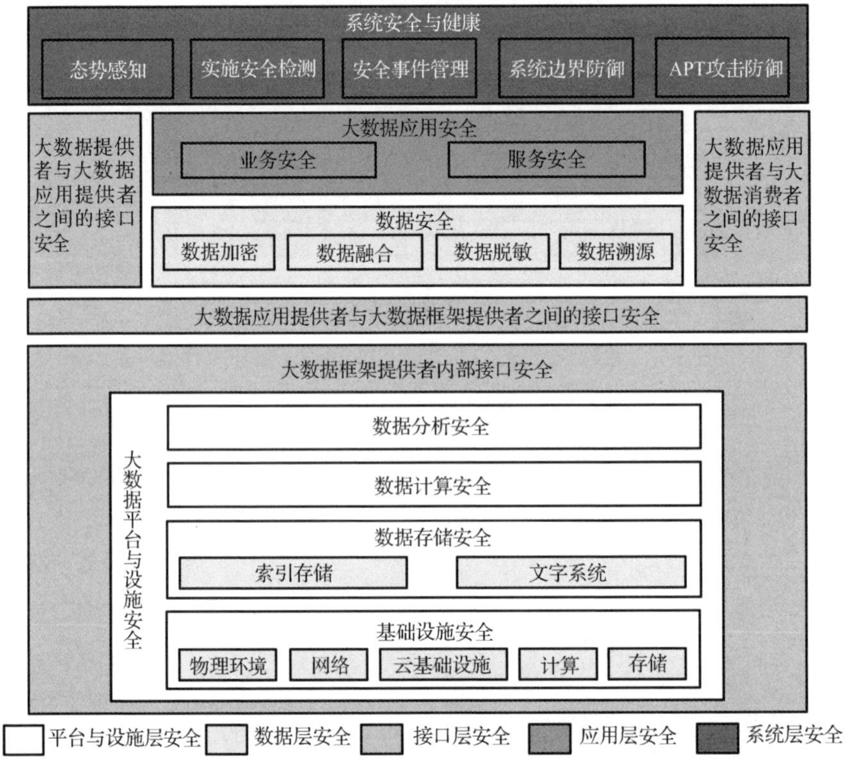

图 5-2　大数据技术安全分层框架

3. 大数据安全过程管理

大数据安全过程管理主要采用 PDCA 循环（计划—执行—检查—处理）的方法对大数据安全防护对象进行全生命周期的安全防护管理，以确保安全风险得到控制。

5.1.2　大数据安全技术体系

目前，大数据安全技术体系主要分为三个层次：平台安全、数据安全和隐私保护，如图 5-3 所示。

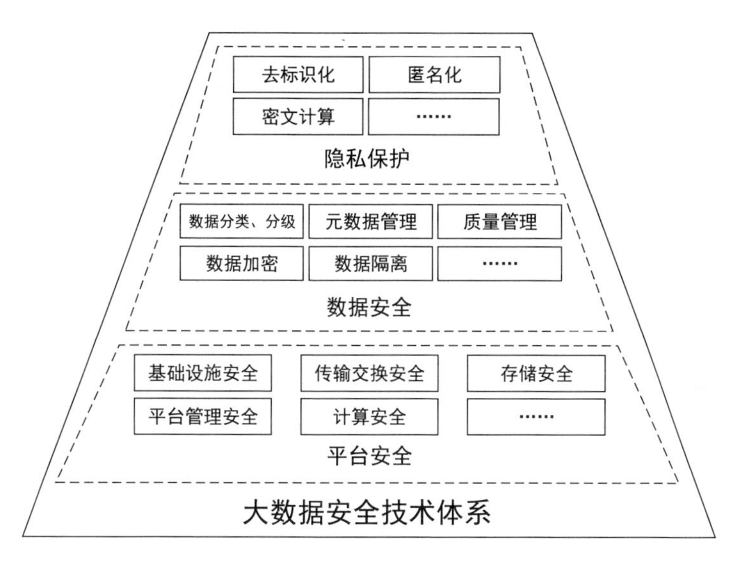

图 5-3　大数据安全技术体系

5.1.3　大数据系统安全体系框架

结合大数据安全技术，大数据系统安全体系框架如图 5-4 所示。该体系框架包含基础安全层、组件安全层、安全服务层和应用层。

图 5-4　大数据系统安全体系框架

1. 基础安全层

基础安全层由系统安全、网络安全、数据安全和存储安全组成。系统安全主要保证大数据平台所在的操作系统的安全。系统应当定期对网络、主机操作系统等进行安全漏洞扫描，确保能够及时、全面、有效地进行漏洞识别，及时调整和更新病毒库，安装系统补丁。网络安全由网络边界隔离、入侵检测、防火墙与虚拟专用网络（Virtual Private Network，VPN）等网络边界防护手段组成，旨在保证集群可以在安全可信的网络环境中运行，使用户可以安全地进行远程访问操作。数据安全是在已有的操作系统和文件系统上提供一个虚拟层来支持文件加密技术，写入文件或读取磁盘数据都需要进行加解密的操作；同时，提供数据远程可信性认证，防止数据被恶意篡改。存储安全需要做好备份处理，防止服务节点意外宕机或介质损坏导致数据丢失。

2. 组件安全层

组件安全层可以保证大数据平台功能组件的安全，如 Hadoop 平台的 HDFS 安全、MapReduce 安全、Hive 安全、HBase 安全、Sqoop 安全与 Pig 安全。每个生态系统组件都存在一定的安全问题，需要根据其架构进行专门的配置。有的组件还存在安全漏洞，需要有针对性地进行防护，同时需要指定面向组件的访问控制策略，以保证用户对组件的有效访问控制。

3. 安全服务层

安全服务层可以为用户提供大数据平台安全的用户服务、认证服务、授权服务、数据服务与审计服务。用户服务是对大数据平台的用户进行集中有效的管理，对用户的角色、账户和密码进行统一的管理和调配。当不同身份的用户通过不同的应用访问大数据平台时，认证中心首先会结合预先设置好的认证策略为访问的用户提供身份认证、单点登录等认证服务，然后根据需要为认证后的用户提供角色授权、功能授权或行列授权服务。数据服务是为用户在大数据平台传输数据时提供安全的加密服务和脱敏服务，以及对静态数据的加密与对敏感数据的隐藏服务。审计服务主要负责日志审计工作，提供对集群节点的实时监控与流量分析服务。

4. 应用层

应用层为管理员、分析师、开发者、普通用户等不同角色的用户提供登录大数据平台的访问接口，并将操作界面进行交互设计。通过管理工具、分析工具、开发工具和客户端，用户可以安全地远程访问大数据平台。

5.2　大数据安全技术

大数据的安全问题需要整合社会多方面的力量来解决，涉及立法、宣传、技术等多个范畴。本节从技术角度对大数据安全体系进行简要介绍，包括传统大数据安全技术、新型大数据安全技术与未来大数据安全技术。

5.2.1　传统大数据安全技术

大数据安全技术旨在解决数据在采集、传输、存储与使用各环节面临的安全威胁，既要保护数据的机密性、完整性、真实性和平台自身的安全，也要支持高效的数据查询、计算与共享。

1．敏感数据识别技术

敏感数据识别技术可以从海量数据和信息中快速识别敏感数据并建立数据视图，采取分类、分级的安全防护策略保护数据的安全。需要指出的是，该技术可以结合人工智能技术不断提高对于内容识别的准确性。

2．数据防泄露技术

数据泄露主要指用户的数据或信息资产以违反安全策略的形式流出用户系统。数据防泄露（Data Leakage Prevention，DLP）技术是目前较为主流的数据防护手段之一。早期的 DLP 产品主要对设备和文档进行全局的强管控，称为囚笼型 DLP 或枷锁型 DLP。这些产品成熟度高，但不够灵活。目前，新的 DLP 产品引入精确数据、指纹文档、向量机学习等技术，可以实现对数据的分类，其中智慧型 DLP 可以安全识别敏感数据和安全风险，广泛应用于更复杂的数据环境。

3．密文计算技术

密文计算技术主要使用同态加密方法。同态加密使密文处理后得到的结果与将明文处理再加密得到的结果相同。为了防止密文被攻击，可以采取代理重加密的技术。在云环境中应用同态加密方法之后，用户可以放心地把隐私数据加密后交给云计算中心，云计算中心对密文进行处理后返回用户，由用户进行解密。这种密文计算技术在保证数据机密性的同时，也可以有效提高数据的流通性。

4. 数字水印技术

数字水印技术是指把标识信息按照特定的算法嵌入宿主（包括原始数据、图像等）中，在需要时可以提取这些标识信息。数字水印具有健壮性和隐蔽性特点。利用数字水印的健壮性，可以对泄露的数据提取水印，追溯数据泄露的源头；利用数字水印的隐蔽性，可以在数据外发环节加上水印从而追踪数据扩散的路径，以达到限制不法用户对数据进行非法使用的目的。

5.2.2 新型大数据安全技术

1. 大数据平台安全技术

Hadoop 社区虽然提供了基本的安全机制，但仍无法应对日趋复杂的安全问题，商业化的大数据平台则在 Hadoop 提供的机制的基础上进行了进一步的优化，完善了相关的解决方案。

1）身份认证

目前，Hadoop 身份认证支持两种认证机制：简单机制和 Kerberos 机制。简单机制只能让内部人员避免相应的错误操作；相比简单机制，Kerberos 机制通过集中身份管理和单点登录功能提高了身份认证的安全性和可执行性。商业化的大数据平台则进一步简化了基于 Kerberos 的认证机制。

2）访问控制

访问控制技术目前可分为基于访问控制列表的访问控制、基于权限的访问控制、基于角色的访问控制和基于标签的访问控制等技术。

3）安全审计

各类开源组件都提供记录数据访问过程的日志和审计文件，但其缺点在于各组件对于日志和审计文件都是各自记录与存储的，难以进行系统、全面的安全审计。通过集中化的组件，商业化的大数据平台可以形成大数据平台总体安全管理视图。

4）数据加密

对于静态存储数据，在 Hadoop 2.6 版本之后，HDFS 支持原生静态加密；对于动态传输数据，Hadoop 则提供了不同的加密方法以保证数据之间传输的安全性和可靠性。

2. 隐私保护技术

在大数据的整个生命周期中，隐私保护技术为大数据提供离线与在线隐私保护，可以有效阻止攻击者将获取的信息和特定用户个体联系起来。数据隐私保护生命周期模型如图 5-5 所示。

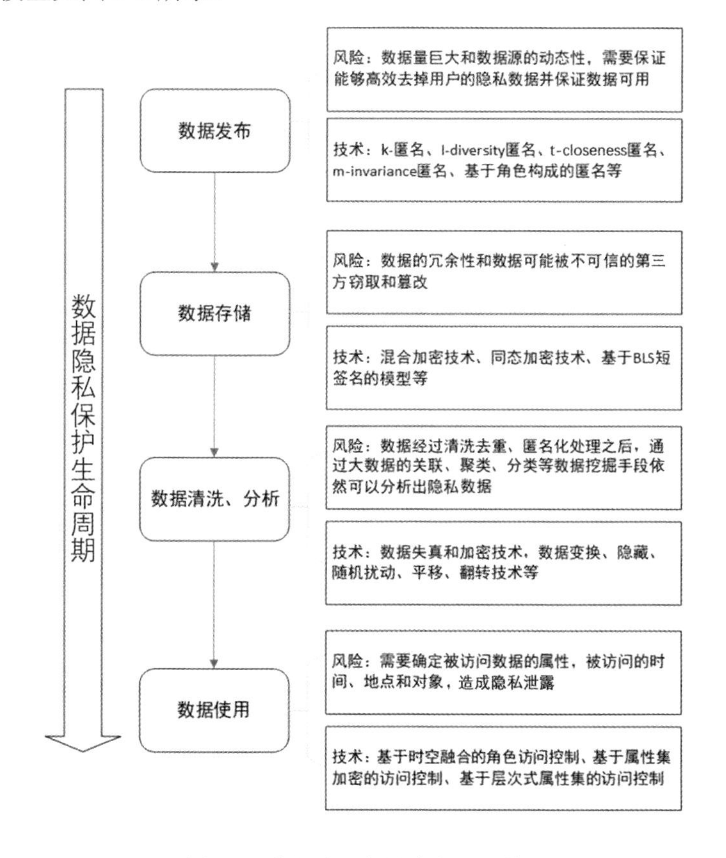

图 5-5　数据隐私保护生命周期模型

1）数据发布

与传统数据相比，大数据的来源众多、信息量巨大，且动态发布，如何在数据发布时保证数据的可用性和保护隐私性成为研究的焦点。传统数据匿名发布技术主要包括k-匿名、l-diversity匿名、t-closeness匿名、m-invariance匿名、基于角色构成的匿名等，但是在大数据的应用场景下，这些技术并不完全适用，有待提出新的技术。

2）数据存储

在大数据时代，存储和拥有是分离的，云服务方也并非完全可信，所以用户数据面临被不可信的第三方窃取和篡改的风险。查询、分析和计算等操作需要在云端进行，这就需要在混合加密技术、同态加密技术、基于BLS短签名的模型等传统数据加密方法的基础上做出变形。

3）数据清洗、分析

经过匿名化的数据在通过数据分析后依然可以得出攻击者所需的信息。数据分析保护技术是在保证数据可用的前提下，对真实数据进行隐藏，防止数据分析带来的隐私泄露。目前主要的技术有数据失真和加密技术，数据变换、隐藏、随机扰动、平移、翻转技术等。

4）数据使用

如何保证正常授权用户的合规操作不会造成隐私泄露，是大数据在使用阶段面临的主要问题。目前基于数据使用的隐私保护技术主要包括基于时空融合的角色访问控制、基于属性集加密的访问控制、基于层次式属性集的访问控制。

5.2.3 未来大数据安全技术

随着区块链技术的发展，目前区块链应用正逐步与金融、物联网等相结合，在带来科技革命创新的同时，也需要时刻关注安全和隐私保护方面面临的问题。

1. 区块链的安全挑战

区块链结构的复杂性导致目前尚缺乏系统级的安全评估方法。区块链构建在对等网络中，无法使用传统的网络安全技术，如防火墙、入侵检测等已不能完全适用。此外，随着量子计算的发展，哈希函数、公钥加密算法、数字签名和零知识证明等技术也不再安全。

2. 区块链的安全目标

结合区块链系统的特点，利用密码技术保护区块链的数据安全、共识安全、隐私安全、智能合约安全和内容安全已成为区块链的安全目标。

1）数据安全

区块链的数据安全涉及机密性、完整性和可用性。

（1）机密性：要求区块链建立相应的认证规则、访问控制和审核机制。认证规则是实现访问控制的基础，规定每个节点加入区块链的方式和识别方式；访问控制和审核机制包括安全事件监控、跟踪、追责与问责等监督方案。

（2）完整性：通常需要在底层数据级别支持数字签名和哈希函数等加密组件，保护数据不可在未经授权的情况下被篡改、删除。

（3）可用性：要求区块链能够在受到攻击时继续提供可靠的服务，或者在受到攻击或功能受损时，需要系统能够在短时间内恢复。因为区块链需要提供无差别的服务，所以要保证一个新的节点加入后用户仍然可以有效地获得正确的数据。可用性还意味着区块链系统可以在较短的时间内对用户数据访问请求做出响应。

2）共识安全

共识机制是区块链的核心，主要包含一致性和活性两大特点。

（1）一致性：要求已经记录在区块链上并达成共识的任何交易都不能改变。根据在达成共识的过程中是否存在短暂的分歧将其分为弱一致性和强一致性。弱一致性是指网络节点在达成共识的过程中出现短暂的分歧；强一致性意味着通过网络节点可以判断新的节点是否对其达成共识。

（2）活性：诚实节点提交的合法数据最终会被整个网络节点获取并记录在区块链上。活性保证节点能够抵御拒绝服务攻击，从而维持区块链的持续可靠运行。

3）隐私安全

在大数据发展历程中，数据互联互通、开放共享实际上与保护数据隐私之间是存在难以调和的矛盾的。如何实现区块链隐私保护，目前主要的技术可分为以下两类。

（1）身份隐私保护：要求用户的身份信息和公共信息无法一一对应，任何未经授权的节点都不能依赖区块链上披露的数据获取任何有关用户身份的信息，也不能通过网络监控和流量分析等网络技术跟踪用户的交易和身份信息。

（2）交易隐私保护：要求任何未经授权的节点都无法通过有效的技术手段获取交易金额、发送方公钥、接收方地址、购买内容等其他交易信息。

4）智能合约安全

根据智能合约的全生命周期运行过程，智能合约安全可分为如下板块。

（1）编写安全：包括智能合约的文本安全和代码安全。文本安全指需要根据实际功能设计一个完整的合约文本，以避免合约文本错误导致智能合约执行异常甚至死锁；代码安全要求使用安全成熟的语言严格按照合约文本编写合约代码，保证合约代码与合约文本的一致性和代码编译后不存在漏洞。

（2）操作安全：智能合约的不稳定运行不会影响节点的本地系统设备，也不会导致其他调用该合约的合约或程序的异常执行。操作安全主要包括模块化和隔离操作。模块化要求对智能合约进行标准化管理，可以通过接口安全调用智能合约，保证智能合约的可用性；隔离操作要求智能合约不能直接在参与区块链的节点本地系统上运行。

5）内容安全

内容安全要求在区块链上传播和存储的数据内容符合道德标准和法律要求，重点是在传播和存储过程中利用网络监控、信息过滤等技术加强对区块链中信息的控制和管理。

3. 未来区块链安全的研究重点

区块链的创新之处在于实现分布式共识和丰富的业务功能，但目前的区块链体系结构在各个层面都存在安全缺陷，在共识机制、隐私保护、监管机制、跨链技术等方面还需要进一步的研究和探索。

1）打破“不可能三角”

所谓的区块链“不可能三角”，又称“三元悖论”，是指区块链网络无论采用哪种共识机制来决定新区块的生成方式，皆无法同时兼顾扩展性（Expansibility）、安全性（Security）、去中心（Decentralization）这三项要求，至多只能三者取其二。

2）隐私保护与可控监管

在开放的网络环境中，在隐私保护中引入监管机制有助于拓宽区块链的应用范围，监管机制的设计将与政策、法规和技术工具同步发展，因此国家应加强制定区块链在不同领域应用的法律操作规则和必要的政策约束。

国家需要根据具体的应用制定适用的政策和制度，政策法规的制定有利于明确违法行为的范围和技术层面的设计目标。在技术层面，将更加注重分散式区块链平台监管技术的设计与实现，研究智能内容提取、分析、处理技术和分布式网络预警技术。在区块链未来的发展中，解决隐私保护和监管之间的矛盾是非常重要的。一方面，监管机制必须从防范、发现、跟踪、问责等方面对区块链网络中的非法数据进行处理；另一方面，国家必须保护合法用户的隐私信息，在隐私保护与监督的矛盾中寻求出路，建立一个可控的监管体系，保护用户的隐私，跟踪非法的用户信息。

3）区块链互联

区块链与外部数字世界、现实世界、异构区块链的互联是未来区块链研究的重要方向。区块链与现实世界的互联，不仅需要利用区块链的优势解决现实世界的信息安全、海量存储和效率问题，还需要解决分散的区块链与集中的现实世界之间的冲突。

4）系统级安全体系

系统级安全体系需要从物理存储、密钥管理、网络传输、功能应用、机密数据等方面进行监督并制定防护措施，同时促进区块链安全的标准化，从设计、管理和使用方面推出安全指南。

5.3 大数据安全管理

5.3.1 数据收集安全管理

1. 数据收集和分类、分级情况

公开发布的数据通常包含某些用户信息，服务方需要在发布之前对数据进行处理，并实施分类、分级。

2. 元数据管理

1）元数据范围

确定元数据的源定义和范围，只选择业务数据进行元数据管理。

2）元数据接入

元数据一般从源系统中接入，如果是本地部署或非关键业务的数据仓库，也可以选择直接从源数据库或源系统数据库中直接接入，以便提高效率，降低数据使用的难度。当然更多的元数据接入则需要先对数据进行分类和分级，并且根据实际需要和数据的敏感程度进行预先的脱敏处理，或者经过严格审批之后再进行接入，根据实际需求对数据进行实时或非实时的采集。

3）元数据标准

建立必要的元数据管理规范，对前端源数据进行反向整改，保证元数据的完整性和一致性。针对不同类型的业务需求，元数据可以划分为不同的管理属性，然后根据属性和类别提供给不同的部门或单位进行检索和使用。

4）元数据维护

对已经发布的元数据进行维护和管理。在对已经发布并上线的元数据进行调整或优化时必须重新执行元数据发布流程，不允许直接修改元数据，所有元数据操作都需要记录。

5）元数据查找

可以对元数据进行模糊或精确搜索，同时将元数据视为数据资产的一种类型，以形成资产报告。

3. 数据安全分类、分级模型

为保护大数据应用过程中所涉及的相关数据的安全，应明确大数据安全管控分类、分级的方法，针对不同级别的数据开展安全控制点梳理，并针对不同的安全控制点提出安全管控规则。数据安全分类、分级模型示例如图 5-6 所示。

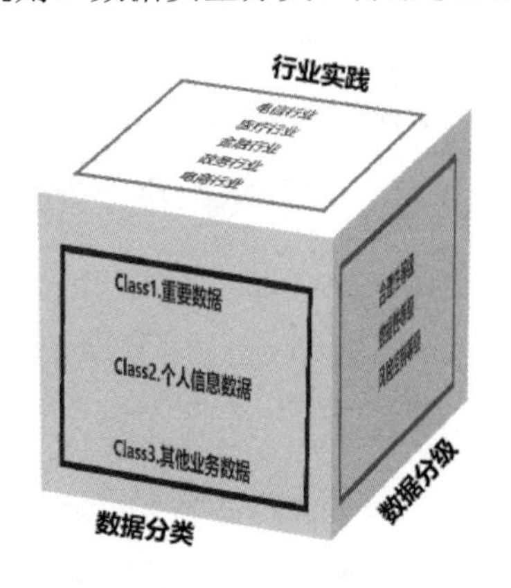

图 5-6　数据安全分类、分级模型示例

在对大数据应用过程中所涉及的数据进行分类时，可按照数据的重要程度分为重要数据、个人信息数据等。

（1）重要数据：关键信息基础设施运营商收集、生成和控制不涉及国家秘密但与国家安全、经济发展、社会稳定、企业和公共利益密切相关的数据。

（2）个人信息数据：包括自然人个人身份的各种信息数据。

数据分类之后可根据实际情况，在每个类别下对数据进行分级，根据各级的安全管控需求，梳理安全控制点，然后提出分类、分级的安全管控规则。常见的分级原则如下。

1）基于等级保护的数据分级

根据信息系统受损后是否会损害公民、法人和其他组织的合法权益，是否会损害国家安全、社会秩序和公共利益进行数据分级。

2）基于风险防控的数据分级

基于风险防控的数据分级包括 A 级（表示可接受风险）、B 级（表示一般不可接受风险）、C 级（表示严重不可接受风险）。

3）基于数据敏感性的数据分级

根据数据的特点制定数据分类、分级标准，并针对实际情况开展安全管控（见图 5-7）。

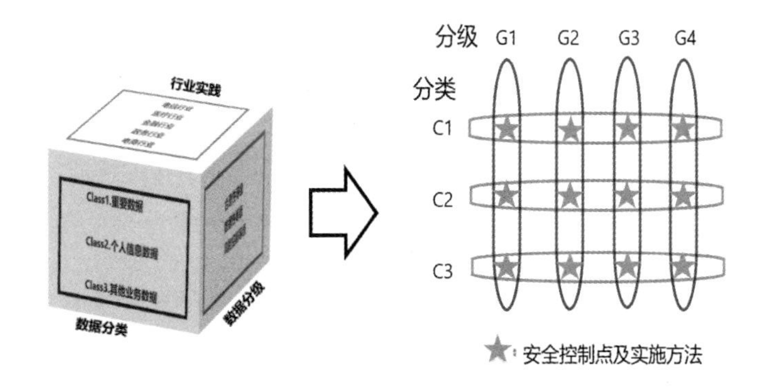

图 5-7　数据分类、分级及安全控制点管理

4．数据管理角色和职责

为确保数据的安全使用、明确安全责任，可以对数据管理角色进行分类，将其分为拥有者、管理者、使用者。数据管理职责表如表 5-1 所示。

表 5-1　数据管理职责表

	拥　有　者	管　理　者	使　用　者
数据管理职责	拥有数据的所有权、处置权，以及分类与分级权	管理数据，负责数据的日常维护和管理	在授权的范围内访问数据

根据大数据中心不同的人员类别、数据管理职责和信任程度，将数据管理角色进一步分成内部工作人员、外包人员、相关外部机构人员。他们在数据的管理和使用方面分别承担不同的安全责任，并在授权的范围内控制和访问数据。角色责任表如表 5-2 所示。

表 5-2　角色责任表

	拥　有　者	管　理　者	使　用　者
内部工作人员	所属机构：业务管理部门。 责任：确定数据的重要程度；确定数据的访问权限范围	所属机构：信息技术管理部门、业务管理部门。 责任：被授权管理数据，负责数据的日常维护和管理	所属机构：业务管理部门。 责任：在授权的范围内访问数据；确保访问对象的机密性、完整性、可用性等
外包人员	—	被授权维护和操作数据	在授权的范围内访问数据
相关外部机构人员	—	—	在授权的范围内访问数据

5．数据收集安全策略

1）重要数据/个人信息数据

重要数据/个人信息数据中的敏感数据的安全风险是相对较高的，更容易遭受不法分子的窃取和破坏。重要数据/个人信息数据安全策略表如表 5-3 所示。

表5-3 重要数据/个人信息数据安全策略表

过程	威胁类型	方式	控制对象	安全策略
数据生成	篡改	逻辑错误	应用系统、数据库	应用系统开发安全(业务逻辑安全)、应用系统上线前安全测试、数据库安全功能
		篡改输入数据	应用系统	应用系统开发安全(输入/输出安全校验)
	越权/非法攻击	输入数据入口被非法访问	应用系统	应用系统开发安全
		身份伪装	应用系统、数据库	基于数字证书的身份认证,应用系统、数据库账号安全管理
	抵赖	原发抵赖	应用系统	应用系统生成原始凭证、日志审计,互联网操作应采用数字签名技术
数据使用/共享/交换	越权/泄露	非法复制	终端、介质	脱敏技术、加密技术,限制终端、介质对整体数据的下载、复制
	非法攻击	恶意代码、注入、漏洞、后门	应用系统、主机	应用系统开发安全、应用系统上线前安全测试、主机安全配置
	抵赖	原发抵赖	应用系统	应用系统日志审计
数据传输	篡改	截取并破坏数据完整性	传输协议、数据包	加密传输协议
	泄露/攻击	监听、嗅探	网络链路、传输协议	加密传输协议
	抵赖	接收抵赖	应用系统	数字签名技术、应用系统日志审计
数据存储	篡改	篡改数据文件	数据库、介质(磁盘)	限制访问权限、加密技术
	泄露	泄露存储信息	数据库、介质(磁盘)	限制访问权限、加密技术、脱敏技术
	越权	非授权访问数据	数据库、应用系统、网络边界	应用系统、数据库账号安全管理,网络边界访问控制,限制访问IP和用户
数据销毁	越权	非授权访问存储介质	磁盘、磁带等介质	信息技术部门统一管理,采用专用技术进行处置
	泄露	非法恢复数据	磁盘、磁带等介质	信息技术部门统一管理,采用专用技术进行处置

2）运行管理数据

除上述类型的数据威胁外，在大数据运行管理过程中也有如下威胁需要进行安全应对（见表 5-4）。

表 5-4　运行管理数据安全策略表

过　程	威胁类型	方　式	控制对象	安全策略
数据生成	泄露	明文显示、直接泄露、弱口令、木马	应用系统、终端	规范口令策略、应用系统口令加密、终端防病毒、补丁、安全管理
数据使用/共享/交换	泄露	暴力破解、字典攻击	应用系统、主机、终端	应用系统、数据库采用双因素，口令、密钥加密
数据传输	泄露	监听、嗅探	网络协议	加密技术
数据存储	泄露	明文存储，非法访问、读取缓存信息	数据库、应用系统	数据加密保存、访问控制等
数据销毁	泄露	非法恢复数据	介质	信息擦除数次以上、采用专用设备进行销毁

3）敏感数据

敏感数据安全策略重点集中在大数据中心的集中管控上，应当全面符合网络安全等级保护三级及以上级别的相应安全要求。

5.3.2　数据存储安全管理

1. 大数据存储安全

Hadoop 正在逐步完善认证、授权等方面的安全机制，尤其是为企业级用户提供了很多内部的安全解决方案，包括在 Hadoop 生态框架中推出 HUE、Zeus 等组件来提供数据权限管理的功能。在系统安全建设的初期以最坏的打算来设计，假设系统被外部成功入侵或攻击发生于内部，存储于 HDFS 中的明文数据则完全暴露在攻击者面前。因此，对于安全问题的核心保护手段仍然是数据加密。在不影响大数据处理能力的情况下，对重要数据进行不同等级的加密，可以保护数据的核心价值。目前，Hadoop 可以实现对网络传输数据的加密，但对 HDFS 中存储数据的加密还要进一步设计，包括密钥产生方法、密钥持有者所属节点、系统拓扑结构等。

而在众多加密技术中，透明加密是更加便捷和容易运用的加密技术之一。透明加密技术的核心思想是加密和解密过程对客户端都是透明的，即客户端不用对程序代码进行任何修改，数据加密和解密操作都由客户端完成，HDFS 只处理加密数据的加密密钥且只能看到加密字节流，客户端向 KMS 发出解密请求后，可使用唯一的数据加密密钥读取和写入数据，如此便实现了大数据系统的加密处理和安全性保障。

2. 大数据存储访问控制

访问控制的目的是防止主体对客体进行未授权的访问。对于大数据平台而言，访问控制不仅要防止非法用户对其资源的恶意获取，还要阻止合法用户的越权访问和越权操作。

Hadoop 访问控制的重点是对合法用户的访问进行控制。目前，基于 Kerberos 的身份认证方案从某种程度上可以防止非法用户对平台的恶意访问。相比而言，Hadoop 大数据平台的内部访问控制机制较弱，只采用了基于访问控制列表（Access Control Lists，ACL）的访问控制机制，即在本地计算机和节点上，通过保存 ACL、形成访问控制矩阵来精确控制每个用户的读/写访问权限。

事实上，基于 ACL 的访问控制机制并不适用于大数据平台。首先，基于 ACL 的访问控制机制须精确地控制每个用户的操作。对于大数据平台而言，用户群体将是难以估计的、数量非常庞大的。如果平台对每个用户的操作都精确控制，不仅访问控制矩阵非常复杂，而且还会造成存储空间的浪费，难以实现用户管理。具体来说，Hadoop 大数据平台中每新增一个用户或在对现存用户的身份信息进行更新时，所有节点处的 ACL 都需要进行更新及重新配置。显然，这种访问控制机制不适合大规模用户的管理，不仅难以更新用户数据和操作权限，而且给整个集群的正常运行带来了巨大的负担。

如何在 Hadoop 现有的运行机制下更改访问控制的整体机制、进一步提升集群的安全性，基于角色的访问控制方案给出了很好的答案。它可以方便地进行大规模用户的管理，并且采用可扩展的访问控制标记语言（eXtensible Access Control Markup Language，XACML）框架和 Sentry 开源组件两种方案实现访问控制策略。

随着访问控制技术的不断完善，标准矩阵模型直接将权限分配给访问主体的缺陷日益凸显，尤其在用户管理上存在严重缺陷。当需要增减用户、更改用户属性、批量管理用户时，传统的访问控制机制的适用问题更加突出。

为了不直接将权限分配给访问主体，后来引入了角色权限这一概念，作为访问主体和权限之间的纽带，用户从拥有的角色中获得权限（见图 5-8）。

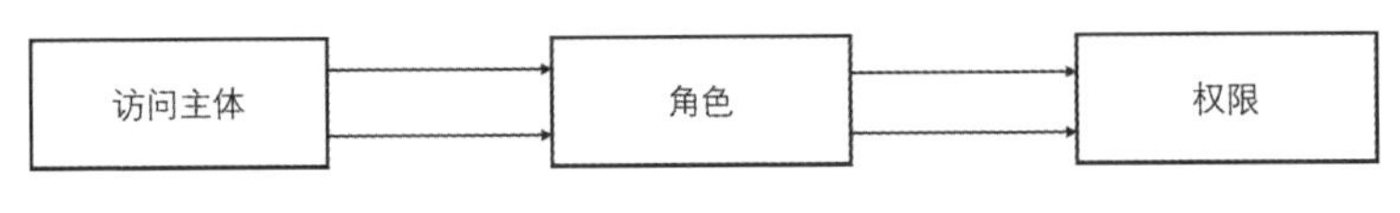

图 5-8　基于角色的访问控制机制

通过基于角色的访问控制机制，将权限与角色挂钩，访问主体的角色决定了在访问主体时所能获得的权限。在这种情况下，角色是整个访问控制机制的核心，是访问主体和权限之间的纽带。当访问主体的角色发生变化时，访问主体所拥有的权限自然发生变化，大大减少了权限分配的重复劳动。当访问主体的属性变更时，并不会影响权限的总体分配，这样的方式极大地降低了系统的复杂性。权限的更改也无须对具体的访问主体进行操作，只需进行访问主体与具体权限之间的解耦操作。

访问主体和角色的对应关系不限定为一对一，可以是一对多或多对多。当访问主体拥有多个角色时，访问主体可以通过更改自己的角色来直接更改自己的权限。如果在实际情况中不允许同一个访问主体拥有多个角色，则可以在角色的集合中设置角色互斥存在的规则，这样可以明确责任的预授权，保证权限得到更加有效、合理的分配。

与传统的访问控制机制相比，基于角色的访问控制机制分离了用户和权限，完成了责任的预授权，减少了权限分配的重复劳动，简化了系统管理流程，具有灵活性和可管理性。对于现阶段 Hadoop 大数据平台的访问控制来说，基于角色的访问控制机制可以实现大规模用户的访问控制，同时可以较为方便地实现大规模用户的管理，方便用户权限的分配，是一个可行的技术方案。

3. 数据副本安全管理

1）数据副本的工作机制

为了保证数据可靠工作，一般会创建一个完整的数据备份。由于备份/快照写操作不会直接指向原始数据副本，因此不必担心主副本的内容会发生更改。这样可以减少服务器存储资源和性能的消耗，利用有限的空间保证关键数据的可靠性。

而通过数据副本保证数据可靠性的需求也是必要的。在大数据环境下，为了节约昂贵的存储空间、避免不必要的空间浪费，业界有很多软件技术公司通过不同的副本管理技术，高效利用存储空间，提升数据副本的盘占比和备份速度。

2）数据副本的安全管理

数据副本的创建一般是为了保证数据的可靠性，但是其同样保存了一份真实的数据信息，而数据副本的安全管理既要保证所备份的数据是真实可靠的，更要保证数据不被轻易泄露或利用，那么通过上文所提及的访问控制机制和存储加密技术，就可以保证数据的安全。同时，还可以将数据副本运用于敏捷开发和测试环境中，通过真实的副本数据，为开发、测试团队提供真实的数据环境及数据，有利于提高开发效率和准确性。所以对于数据副本的安全管理，既要精细化、标准化，又要有开放的精神，梳理好权限和管理规范，重点关注数据副本安全管理这一关键环节。

4．敏感数据存储安全策略

在对敏感数据进行数据存储时，应当将其存放在独立的存储空间中，每日对敏感数据进行实时备份，建立异地数据备份机制；在不对业务系统造成可用性影响的前提下，可采用数据库加密技术对敏感数据进行加密存储；严格限制存储敏感数据的数据库访问控制策略，主体限制策略应达到用户级，客体限制策略应达到文件级、数据库表级；存储敏感数据的数据库或服务器应采用双因子进行身份认证；针对存储敏感数据的区域，应当在网络层设置访问控制权限，限制可访问的 IP 地址和用户。

5.3.3　数据使用安全管理

数据使用是大数据平台化的核心任务，而数据共享使用更是信息泄露的主要途径。信息泄露往往是由内部工作人员、第三方合作伙伴或黑客及非法组织的失误或恶意行为造成的。而对安全漏洞的不重视、对重要数据未进行数据脱敏操作、对安全配置的遗漏及平台本身的防护机制不健全等问题是造成敏感数据泄露的主要原因。据公开报道，2020 年全球数据泄露的平均损失成本为 1145 万美元，2019 年数据泄露事件达到 7098 起，涉及 151 亿条数据记录，相较 2018 年增幅达 284%。

1. 数据脱敏是数据使用安全管理的核心技术

为了让数据能够被使用和交互共享，敏感数据必须能被识别和脱敏，在保证数据有效性的基础上再交付给外部，防止敏感数据通过特权账号、业务交互，以及测试、研究和培训等访问方式外泄。

想要做到数据脱敏，必须运用脱敏技术。通过数据脱敏处理能够极大地降低敏感数据泄露的风险，随后在数据交互共享的过程中，交互使用的数据都是脱敏之后的数据，同样达到共享的效果。

拥有特权账号的用户是最易将敏感数据外泄的人员，所以对拥有特权账号的用户来说，需要将其看到的数据进行动态实时的脱敏，防止用户敏感数据的泄露。

2. 数据脱敏流程

根据核心生产库的业务场景和数据的安全级别划分，对具有较高敏感度的数据进行梳理，从不同维度进行识别，如用户的姓名、手机号码、地址等信息，从而明确地识别出存在敏感数据或关键数据的字段和表，然后展开脱敏处理。

数据脱敏的三个步骤：抽取、漂白、发布。首先要在生产库中抽取需要脱敏的敏感数据，根据系统配置的脱敏规则进行匹配，再进行一系列的隐私变形操作；然后进行数据测试，保证上下游流程和相关数据库、数据表都能够正常运行，以此保证未脱敏的敏感数据进行正常的产出和存储行为；最后将脱敏之后的数据发布至测试库中，提供给相关人员使用。

3. 数据脱敏处理

数据脱敏处理方法是整个脱敏过程的核心，常见的方法有替换法、重排法、加密法、截断法、掩码法等，可以根据不同的应用场景和对原始数据的依赖情况进行选择。但无论选择哪种方法都应该遵循尽可能保证脱敏后的数据可用的原则，尽量保留脱敏前有意义的数据，同时也要尽最大努力防止黑客破解。

4. 不同场景下的脱敏技术实现

通常使用的脱敏技术一般可分为静态脱敏技术和动态脱敏技术，根据场景需求和情况不同分别运用。

静态脱敏技术一般用在非生产环境中，用于解决测试库、开发库所用的生产库的数据量与数据间的关联问题，以及排查问题或进行数据分析。

动态脱敏技术一般用在生产环境中进行实时脱敏。动态脱敏相对于静态脱敏的实现更有难度，需要在确保业务正常运行的前提下，做到数据的动态脱敏。用户或数据库管理员（Database Administrator，DBA）访问数据库，数据库会返回数据，在此过程中，可以将返回的数据引入脱敏系统中，通过设置规则、策略进行脱敏，在不影响业务正常运行的情况下将脱敏后的数据返回用户。

5．数据脱敏与使用安全

无论何种应用场景，各类脱敏解决方案应该充分考虑技术实现对原系统和原网络的影响。任何一种解决方案都不可对原网络造成影响，也绝不能造成原系统故障，影响业务的正常运行；在运行中，不可由于解决方案的实施而重启数据库服务器，不做中断业务、影响性能、危害动作等行为。

同时，所运用的脱敏技术也不能影响原系统的服务性能，应运用高效的脱敏技术代替传统的手工静态脱敏，提高数据脱敏的效率和可靠性；从添加源数据库开始，运用自动化的审核流程代替传统的人工审核，真正做到相互监督、相互制约、方便快捷，易于脱敏任务的管理，满足日常工作中的数据脱敏要求。

6．敏感数据使用安全策略

数据使用包括对于数据的操作、应用、共享、变更和交换等相关环节。敏感数据的访问控制应根据审批后的策略要求进行，采用集中管控的机制，控制数据的使用；同时，应遵循最小授权原则和最小授权需求的访问控制策略。敏感数据的使用、分析和再利用的过程应限制在大数据中心可控的范围内，限制终端、介质对整体数据的下载、复制；同时，应建立安全脱敏、安全监控、安全审计的保护机制和措施。敏感数据的修改、变更应根据业务要求和应用系统设定的功能全程记录和审计。在未经授权的情况下，任何人不得随意修改、删除敏感数据。业务系统在处理敏感数据时，应保证数据信息限时、限量存储在相关区域。承载敏感数据的数据库、应用系统、中间件和主机应定期进行安全风险评估，开展清理账号、修补漏洞和日志审计等安全工作；同时，应对超级用户进行统一封存、特殊管理，对权限较大的特权账号应加强认证机制。

5.3.4 数据使用审计管理

1. 大数据系统安全审计

大数据系统的核心是 DFS 和 MapReduce 引擎，并涵盖大量应用子项目，为用户提供众多的 API。设计语言、API 的多样性拓展了安全审计的覆盖面，也加大了数据解析的难度。

审计的难点可总结为以下四点。

（1）传统方案无法实现非结构化大数据的综合安全监控。

（2）数据库连接工具多样化，对非 C/S 架构缺乏综合管理手段。

（3）开放的接口会导致数据风险点增加。

（4）安全模型和配置较为复杂。

2. 安全审计模块和流程

整个安全审计可以分成五大模块，包括日志采集模块、数据管理模块、日志预处理模块、日志查询模块和日志审计模块。安全审计模块与关系图如图 5-9 所示。

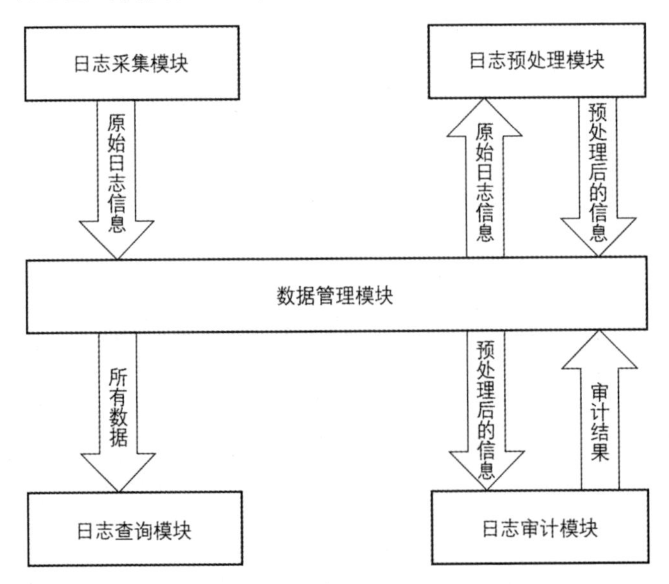

图 5-9 安全审计模块与关系图

（1）日志采集模块：将模块部署在网络出入口处进行网络流量日志数据采集，采集完后，先进行简单的规整，然后将日志存入 Hadoop 集群中。

（2）数据管理模块：对整个系统中的所有数据进行维护和管理，底层由 HDFS 和 HBase 分别提供存储管理功能，对所有数据进行管理。

（3）日志预处理模块：原始日志信息采集后，为了使审计结果更加合理，需要对原始日志信息进行预处理，把相同用户一段时间的日志进行合并，提取关键特征。

（4）日志查询模块：为管理员提供日志查询功能。

（5）日志审计模块：对待审计数据进行审计，发现隐藏在数据背后的异常情况，将异常流量产生的时间和具体的详情报告提供给管理员。

安全审计流程包括日志预处理、日志切分过滤、日志审计、日志结果分析。安全审计核心流程图如图 5-10 所示。

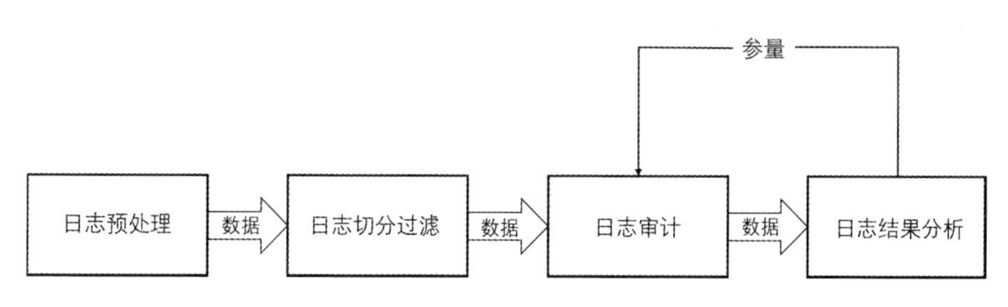

图 5-10 安全审计核心流程图

（1）日志预处理：过滤出内网用户流量进行存储。

（2）日志切分过滤：日志中有新加入的待审计网络流量日志数据，也有已经经过审计的历史网络流量日志数据。所考虑的审计主要针对用户通过全部流量检测难以发现的网络异常行为，因此在审计某个时间段内的某个用户的网络流量日志数据时，需要提取部分该用户在相同时间段内的流量信息进行对比。在日志切分时要考虑对不同用户、不同时间的网络流量日志数据进行提取和分类。

（3）日志审计：对于每一分片数据进行单独的异常流量检测。在众多的异常检测方法中选择适当的方法，待审计数据集可以认为是不同用户在不同时间段内产生的流量相关的对象的集合，每个对象包含多个属性。

（4）日志结果分析：对系统的所有日志，包括访问日志、系统监测日志等，根据不同日志的特点，结合安全经验，从多种日志查询的角度出发发现一些数据特征，方便进一步排查。对新出现的安全问题，将对应的数据特征汇聚为安全参数再返回上一步。

3. 安全审计规程和作用

大数据系统安全审计对数据进行全面的访问和审计操作，能够进行较为准确的责任划分、追责溯源，对系统业务和各类数据库访问及操作行为也应进行实时监控，追溯访问来源，最后还应从应用系统层面进行应用操作行为和数据库操作行为的关联分析。

同时，通过良好的交互界面和分析功能降低大数据系统安全审计的难度，帮助非专业技术人员进行管理和威胁排查，有助于大数据系统的安全管理和安全审计工作的开展。

5.3.5 数据销毁安全管理

1. 介质销毁处置

应对信息泄露问题，《信息安全技术　数据安全能力成熟度模型》（GB/T 37988—2019）中数据安全能力成熟度模型（Data Security Capability Maturity Model，DSMM）标准要求如下。

1）制度流程

制定介质销毁处理策略，根据存储内容，明确磁介质、半导体介质和光介质等不同类别的存储介质的销毁方法。对介质销毁建立监控机制，以对介质销毁的各个流程进行有效监控。

2）技术工具

各类介质都需要有有效的销毁工具和设备，对于不同类别的存储介质，需要采用硬销毁和软销毁两类方法。

3）人员能力

介质销毁人员需要具备数据销毁能力和使用销毁工具的专业知识。

以下是介质销毁处置过程。

（1）定义介质销毁的场景，根据实际的数据保密性要求采用不同的介质销毁方法，如捣碎法/剪碎法、焚毁法等。

（2）制定较为完整的销毁审批监督流程，做到在销毁前要进行内容评估，在销毁时要进行监督管理，对处理过后的存储介质要防止进行恢复数据操作。

2．敏感数据销毁安全策略

敏感数据在未经业务管理部门同意的前提下，不得进行任何形式的数据销毁；敏感数据的数据销毁工作应由大数据中心技术委员会统一进行管理；敏感数据应根据业务要求定期进行归档，涉及大量敏感信息的核心数据应当进行加密归档。

第6章

军事大数据——运筹帷幄

克劳塞维茨在《战争论》中提到“任何理论首先必须澄清杂乱的，或者说是混淆不清的概念和观念。只有对名称和概念有了共同的理解，才能清楚而顺利地研究问题”。未来，在智能化与无人化条件下，战场环境日益复杂，多维战场空间中的数据规模将呈爆发式增长。军事大数据驱动战争加速变革，运用大数据透视“战场迷雾”，以数据赋能战斗力，指挥员在未来战场上将更加“耳聪目明”。

6.1 军事大数据概述

6.1.1 军事大数据的定义

关于军事大数据，目前还没有统一的定义，有研究人员将军事大数据定义为“以海量军事数据资源为基础、以数据智能化处理分析技术为核心、以军事领域广泛应用需求为牵引的一系列活动的统称”。从该定义中可以看出军事大数据不仅体现在数据量的大，还体现在种类多样、相互关联等方面，既包括复杂战场环境、军事信息系统及与军事安全相关的领域数据集，也包括与数据紧密相关的存储、处理、分析和运用等技术与军事应用。

大数据被比喻为信息时代的“石油”。大数据的三元世界强调，从宏观上说大数据是连接物理世界、信息空间和人类社会的桥梁。未来，作战空间涵盖物理域、信息域、社会域、认知域，包括陆、海、空、天、电、网等多维立体空间。因此，军事大数据是以海量军事数据资源为基础，由情报获取、指挥控制、后勤保障等各环节的一系列军事活动产生的海量数据。对于战争双方来说，随着战场数据量的大幅增加，当其收集数据的能力越来越强、数据的存储越来越多、数据的分析越来越高效时，从数据中获取情报就越来越及时，以数据分析战场敌我态势变化，通过数据促进制定更加高效、敏捷的指挥决策就成为现实。

6.1.2　军事大数据的来源

随着作战装备的信息化，以及各类传感器系统的广泛使用，信息系统的种类和数量不断增加、连通度及通信能力不断提高，数据的可用性及对数据的需求正以惊人的速度增加。基于信息系统的各种作战力量以大空间、多渠道、多方式广泛作用于多维战场空间，引发了数据规模的爆发式增长。

在军事领域，大数据的来源可以概括为以下四个方面。

1. 来源于各类传感器

日益增多的联网的传感器与无人机提供了比以往更大、更多样化的数据集。近几十年来，传感器在数量上获得了极大的增长，在能力上获得了极大的提高。它可以生成比以往更高像素的图片，还可以在更多的能带内运行，如多光谱传感器能够在多个波段工作；而在体积、重量方面显著减小，功耗和成本也越来越低。功耗的降低可以使其装载在更小的平台（如无人机、飞行器等）上，而更低的成本可以使其在各种环境中大批量部署，如陆上战场或海底战场。传感器通常会耦合到一个通信系统上，从而可将结果传送到控制站，或者当运载工具返回后迅速下载下来。各种传感器可产生包括移动目标指示数据（如轨迹）、目标识别影像（如视频、雷达、激光、电磁）、大气数据、地面震动数据等不同类型的数据。不论是作战侦察，还是日常的作战训练，产生的数据量都随之暴增。

2. 来源于网络

军事网络既包括战场信息网络，也包括互联网。这些网络产生了多种形式的数据，如电子邮件、语音、图片、视频等。数据类型更多地表现为图形图像、音频视频等非结构化数据。

3．来源于不断的数据积累

存储技术的发展使低成本、易访问的数据库中存储大量历史数据的能力不断提升。相比传统的数据，大数据的数量庞大且类型多样，通过分布式存储技术可解决存储问题，同时可对数据进行有效索引并快速查找。

4．来源于战场上的人员、装备和物资数据

战场上敌我双方人员（包括指挥员、保障员等）、装备和物资等基础数据是进行作战能力分析和战场趋势推演的基础，也是正确决策的前提。随着战场维度的扩展和战场空间的扩大，这些基础数据的作用越来越明显。

6.1.3 军事大数据的特点

军事大数据来源广泛，既包括信息化作战装备、战场网络的各类传感器数据，也包括互联网、卫星通信网等民用网络数据。因此，它既具有民用大数据的一般特点，也具有军事应用的显著特点。其中，军事应用的显著特点主要体现在以下四个方面。

1．数据的对抗性强

信息化战争的本质是提高我方信息与火力之间的增益，降低敌方信息与火力之间的增益。信息的来源就是战场上敌我双方的数据。因此，围绕数据的获取和运用展开的较量将成为重要的作战样式，军事大数据获取与反获取、数据伪装和欺骗现象普遍存在。

2．数据的不确定性强

有人说过：“在战争中获得的大部分信息都是相互矛盾的，另外一部分则是错误的，而且剩下的那一部分也是让人充满怀疑的。”数据量过大、数据缺乏、数据相互矛盾，这些都有可能带来不确定性。从空间上看，军事大数据来源于陆、海、空、天、电、网等，不仅数据维度高，而且数据之间的关系更为复杂，既包括侦察、监视、情报活动数据，也包括互联网海量的数据，如社会人文、社交媒体等，数据之间互相依赖、互相关联。这种复杂关系使军事大数据在运用等方面存在巨大的挑战。

3. 数据的实时性强

信息时代的现代战场形势正在迅速变化，战机转瞬即逝。例如，在伊拉克战争中，伊军的“飞毛腿”导弹作用于目标点的时间是 5 秒，而美军的指挥控制系统从发现威胁到发射“爱国者”导弹拦截所用的时间是 3 秒。在未来一体化联合作战中，快速处理大数据，为指挥员提供决策服务，是战争取胜的关键。特别是在指挥控制系统中，战场态势瞬息万变，对数据实时分析的要求极高。随着信息处理设备变得更加强大，各种算法得到改进，处理、利用、分发与融合信息的各步骤也会缩短，从而更快地提供完善的信息。

4. 对数据安全性的要求高

信息化战争时刻面临敌方侦察与窃取信息、己方信息泄露等威胁，而数据的完整性、可用性被削弱或丧失的风险更大。因此，军事大数据在数据的安全性方面具有更高的要求，在数据获取、传输、处理、利用的过程中确保数据传输的安全，是信息化战争面临的重要问题。

除此之外，军事大数据也具有“4V”特点。例如，数据种类繁多。随着互联网、多媒体等技术的快速发展，数据的呈现不再仅是结构化数据，还包括视频、音频、图片、邮件、射频识别、GPS 和传感器等非结构化数据。在军事信息系统中的战场情报信息更多地表现为图形图像、音频视频等非结构化数据。非结构化数据拥有自己的特性和模式，数据融合困难。再如，数据量巨大。上文提到军事大数据的来源，随着传感器的广泛应用，未来战场的信息化、智能化程度越来越高，“小战争、大数据”的趋势会越来越明显，如在阿富汗战争期间，一次小型反恐行动，美军的全方位侦察系统运转 24 小时就产生了 53TB 的数据。在未来作战中，战场数据同样会呈现爆发式增长。

6.1.4　美军大数据的发展

在大数据时代的信息化战争中，军事体系的对抗很大程度上依靠各种指挥控制系统、软件和数据，在“恰当”的时间、“恰当”的地点为“恰当”的决策者提供“恰当”的信息。而在数年前，美军建设全球信息网格（Global Information Grid，GIG）的目标是，在“任何”时间、“任何”地点为“任何”决策者提供正确的信息。从“任何”到“恰当”的转变，正是基于大数据分析与处理技术的应用。

在大数据基础技术研发方面，美国国防部积极部署了以 XDATA 为核心的多项大数据研发项目。XDATA 项目于 2012 年启动，主要针对现有的数据技术大多只能处理结构化数据，而对于半结构化数据、非结构化数据的处理能力十分有限的问题而开发计算技术和软件工具，使美军具备快速分析海量、分布式、半结构化、非结构化数据及不完整数据的能力。此外，XDATA 项目通过开发相应的可视化界面和人机接口，还可以使数据以更直观的方式呈现出来，操作过程也更加便捷。

在大数据平台研发方面，美国国防信息系统局联合各军种开发了一系列基于云计算的大数据平台。2016 年 5 月，美国国防信息系统局发布了《大数据平台和赛博态势感知分析能力》报告，提供整套用于收集分析与可视化处理海量数据的方案。其中，具备赛博态势感知分析能力的大数据平台是美国国防信息系统局支持开发的分布式计算环境，用于数据的获取、关联和可视化。

6.1.5 军事大数据的发展瓶颈

在信息化战争中，随着各种新技术、新装备的不断涌现，各级别的系统集成越来越复杂，数据量大幅增加，在处理信息和数据时也开始面临各种瓶颈，主要表现在以下四个方面。

1. 作战人员的数据过载

在作战环境中，特别是在指挥员需要处理的事务异常繁多的情况下，数据过载可能导致错误的发生。例如，指挥控制系统的操作员无法有效处理所有输入信息。

在阿富汗战争期间，美军的无人机操作员未能将一条重要信息传递出去，结果导致 23 名阿富汗平民遇难。当时，无人机操作员正在检查无人机反馈的视频，处理数十条即时消息，并与情报分析人员和地面部队进行信息交互。尽管该信息中提到人群中有儿童，但是无人机操作员并没有重点关注这一事实，而是得出人群中有潜在威胁的结论。

据报道，美军无人机操作员的工作任务十分繁重："处于隔间中的操作员们每天要通过全球监视网络核查 1000 小时的视频、1000 张高空间谍卫星图片及数百小时的'通信情报'。"他们的工作环境也容易导致数据过载。他们通常要工作 12 小时才轮班，需要不断检查来自无人机的实时视频，并与司令部、地面部队及该区域内的飞行员进行多次沟通。

2. 信息系统的数据量过大

数据量过大指的是需要进行传输、处理及存储的数据量对于信息处理与通信系统来说太大，以至于无法及时进行分析，从而对任务的顺利执行产生影响。随着无人平台（如无人机）的广泛使用，将信息实时传递到战术边缘的需求也在增长。例如，美空军"死神"无人机上搭载的 Gorgon Stare 系统每秒可以传递多达 65 张视频图像。这些系统可能迅速压垮指挥控制系统的信息处理能力。这种数据量增长的后果是，许多决策支持系统接收到的数据量很大，但数据质量比较差（如有噪声和杂波）。此外，还有信息的实时性问题。如果原始数据或处理后的数据不能用于跟踪目标，那么它的价值很快就会缩水。

3. 数据的可信度降低

对于指挥控制系统来说，数据的可信度十分重要。例如，在撰写报告时经常会使用"复制""粘贴"操作，而如果系统不能从"复制""粘贴"操作中自动追踪数据来源，就很难评估其可信度。在美国国防部内部，针对数据的发现与使用，各军种当前正在集中力量定义权威数据源，并使用标准化的元数据注册库。这些系统具有有限的信源信息，主要包括地点和日期。在理论上，信息来源应当包括相关数据的整个历史。例如，人们提出了一种"W7"［什么（What）、谁（Who）、何时（When）、何地（Where）、哪个（Which）、如何（How）及为什么（Why）］的来源模型，以捕获全部的相关信息，全程记录数据从创建到销毁的整个生命周期。

4. 数据的共享与互操作难

一直以来，互操作问题及无法共享数据是制约指挥控制系统顺畅运行的主要因素。例如，美军的全球指挥控制系统就是一个指挥控制系统簇，包括超过 200 个系统或服务，旨在将所有军种的系统都纳入进来，以实现全球范围的联通。系统簇内的各系统之间及与簇外其他系统之间必须能进行数据交换。在（多军种）联合作战和（多国）联盟作战中，参与的每个军种或国家都有自己的指挥控制系统。针对各系统间的数据交换问题，美国国防部正在研究一种能被各军种接受的合理解决方案，包括采用美国国家信息交换模型（National Information Exchange Model，NIEM）。

6.2 军事大数据的技术途径

在当前的军事指挥控制中，指挥员要在军事大数据下实现有效决策，就需要更多地使用大数据技术来处理原始数据，提供态势感知，并借助决策辅助系统形成决策建议。

目前，几种新兴的技术方案有望解决军事大数据所面临的挑战：数据监护与分析，包括自动处理导入的数据从而创建和关联合适的元数据，并将其提炼为有价值的信息，有望解决数据共享和互操作问题；边缘计算，为传感器平台配备信息处理与通信模块，使传感器平台能够处理传感器数据并提取真正重要的信息，然后将这些重要信息而不是原始数据发送出去，从而减轻通信链路及作战人员的负担，有望解决信息系统的数据量过大问题；人机交互，改进信息呈现的方法，可以降低数据过载的影响，并以最有效的方式呈现信息。

6.2.1 数据监护与分析

数据监护的目的是为半结构化与非结构化数据改善结构，从而能够进行自动化的数据分析。在当前的发展阶段，数据监护可以极大地提高数据分析的及时性，并有助于解决指挥员面临的数据过载问题。数据监护与数据质量之间有着清晰的关联，可用数据质量度量指标来衡量数据监护的效能。

数据监护过程可以用 “7 个 C”来描述，如表 6-1 所示。

表 6-1　数据监护过程的“7 个 C”

名　称	含　义
收集（Collect）	连接数据源并接收输入的数据
特征化（Characterize）	捕获可用的元数据
清洗（Clean）	识别并纠正数据质量问题
背景化（Contextualize）	提供背景信息与数据来源
分类（Categorize）	在定义问题域的框架中划分数据
关联（Correlate）	寻找各种数据之间的关系
编目（Catalog）	存储数据与元数据，并能通过 API 进行访问，以便搜索与分析

数据监护可以提高数据质量，将经过数据监护处理的数据输送到自动推理工具中，可以迅速完成数据分析与可视化。

大数据分析技术正在逐步应用到军事领域，从而减少梳理大量数据所需的人力资源，并为用户提供有价值的信息。在当前的信息环境中，能够合理利用大数据至关重要。适应新的信息环境并将其转换为自身优势的企业有很多，阿里巴巴、亚马逊、腾讯与沃尔玛就是四个典型的例子。我们现在迫切需要将这些利用大数据的成功经验应用到指挥控制系统中。

6.2.2　边缘计算

在搭载传感器的终端上处理原始传感器数据，采用边缘计算的概念，一方面能够降低用户（特别是资源受限的用户）对通信能力的需求，另一方面能够减轻中心服务器的数据处理负担。随着芯片技术的迅速发展，计算设备的体积、重量及功率正在不断减小，各个小型平台将具备更强的数据处理能力。例如，提供移动目标的轨迹数据而非提供来自传感器平台的整个视频，将极大地减轻通信负担与中心服务器的数据处理负担。

边缘计算也在朝着提高自主性的方向不断发展，特别是无人机与地面无人车辆。实现自主性需要平台有更强大的处理能力以实现实时决策，同时仍要满足体积、重量和功率的限制。自主平台可以降低对控制人员的要求、减轻通信系统的负担、缩短平台机动或采取行动的反应时间。

边缘计算的一个主要问题是由于其分析能力不如中心服务器而可能造成重要数据的丢失。因此，如果希望对数据进行进一步检查，则可以将原始数据存储下来。

6.2.3 人机交互

随着各种人机交互方式的发展，人机接口获得了极大的发展。信息呈现方式直接影响指挥员处理、过滤数据的能力，进而极大地影响作战效能。许多可视化方法可以用来展示数据，以便更快地理解战场态势，如液晶显示器正变得更小、更轻便、更实用。此外，指挥员还可以使用功能强大的移动设备，如专用智能手机，将信息发送到处于战术边缘的部队。最新的一些技术，如谷歌眼镜，可以作为增强现实的应用平台，战士们拥有了穿戴式显示器，在移动中就可获得各种信息。

6.3 指挥控制大数据

6.3.1 指挥控制的概念

传统的指挥控制为 C2（Command and Control），而以计算机、网络技术为核心的指挥控制已发展为 C4ISR，即具备指挥（Command）、控制（Control）、通信（Communication）、计算机（Computer）、情报（Intelligence）、监视（Surveillance）、侦察（Reconnaissance）等功能的信息系统。

指挥控制的基本过程可以用 OODA 环路来表示，如图 6-1 所示。OODA 是观察（Observe）、判断（Orient）、决策（Decide）、行动（Act）的英文缩写。在指挥控制过程中取胜的关键就是看谁能更快、更好地完成“观察—判断—决策—行动”的环路。

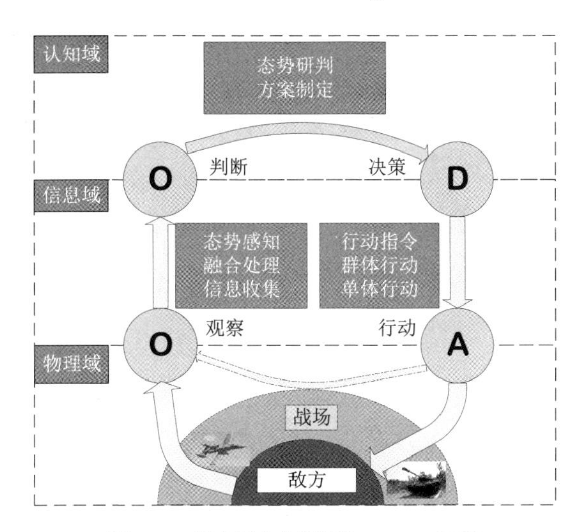

图 6-1　指挥控制过程的 OODA 环路

在 OODA 环路中，对抗双方的首要任务是夺取制信息权，并干扰或欺骗对方的信息获取；然后才能在制信息权的基础上迅速完成判断、决策和行动，比对手更快速地完成 OODA 环路，夺得战争的胜利。

6.3.2　大数据下的指挥控制新特点

大数据下的指挥控制新特点包括态势感知认知化、情报分析精准化、作战决策科学化，以及行动控制协同化。

1．态势感知认知化

网络中心战的提出凸显了信息的重要性，而数据是战斗力的主要来源，“海神之矛”行动的胜利就是美军多尺度异常检测项目、网络内部威胁计划等十多项大数据军事应用项目的最好实践。这也表明，随着信息技术的不断发展，态势感知在范围和能力上也在发生巨大的蜕变，正在逐步走向认知化。

一是数据收集的数量更多、范围更广。更好的态势感知和通用作战态势图使数据的需求量不断增加，同时，日益增多的传感器和无人机也使收集更多的数据成为可能。数据的类型正在不断丰富，语音、视频、文本、图像等都成为可行的数据源。数据获取的维度也从单纯的地理空间拓展到网络空间，再到电磁空间，这些都表明数据收集能力相比以往更强。二是系统的健壮性不断增强。数据挖掘和分析技术的高速发展使在混乱的数据中找到精准信息成为可能，少量数据的错误可以通过数据分析方法得以修正，从而有效提高指挥控制系统的健壮性。三是数据处理和分析能力不断加强。因数据完整性和时效性的特殊要求，如果不能及时对其进行处理和分析，将导致指挥决策的严重偏差，从而影响战争的进程。随着数据监护、大数据分析和人工智能技术的不断发展，数据处理和分析能力已经有了质的飞跃。

2. 情报分析精准化

通过大数据技术，可以有效对线上与线下结构化、非结构化和半结构化数据进行全数值分析，快速提取隐含的、不为人知的，又潜在有用的精细化信息，进而揭示事物之间潜在的关联、分类、趋势和数量关系，赋予情报精准化分析的能力。依靠大数据技术，通过实时监测、跟踪战场上敌我双方产生的海量行为数据，进而挖掘与分析，揭示出规律性的东西。通过对各个情报数据的汇总和统计，可以实现对各类研究对象属性的专项汇总分析，为“规模是否合理、流量是否正常、质量水平高低、真实程度如何”等问题提供依据。

“9·11”事件后，美国政府提出“万维信息触角计划”，用于收集个人相关的所有数据，包括通信、财务、教育、医疗、旅行、交通等，通过大数据分析，查找恐怖分子及其支持者在信息空间中留下的“数据脚印”，描绘出恐怖分子的基本特征，分析形成了恐怖分子的社会关系图。

3. 作战决策科学化

信息技术的高速发展也在不断加速指挥体系的变革，统一指挥的绝对统治正在逐渐被打破，消除各军种之间的技术壁垒的呼声也越来越高，这些趋势使指挥体系向科学化迈进。

纳尔逊在特拉法尔加海战中胜利的部分原因是其对于作战指挥决策权的创新。他放弃了高度集中的决策权，充分利用下属舰长的经验、技能和主动性。如今，大数据技术的发展使指挥层级变得更少，简化了指挥体系架构，促使其由“树状”向“网状”转变，使决策权的分配相比以往更加科学，从而重新制定作战过程中的各项重大决策，使联合作战的程度不断提高。作战体系融合的关键在于信息的共享和传输效率的提高，大数据通过整合数据，实现获取信息的一致性，从而实现一体化联合作战和全域联合作战，促使作战单元的敏捷性更高。

4．行动控制协同化

借助战场物联网可以实现战场数据和信息资源的共享与利用。指挥员利用共享数据流可以对指挥控制系统与各类武器系统进行实时协同控制，从而达到兵力、火力在时空上的协调一致。同时，计算机系统强大的计算能力可以对日益增多的战场数据进行快速、精准的计算，为指挥员组织精确的系统动作提供支撑。通过基于大数据的行动协同，在整体作战任务框架下可以进行优势互补，围绕同一个任务相互配合、共同作战，进而实现各作战力量的无缝衔接，实现从滞后性协同向实时性协同、从粗略型协同向精确型协同的转变，进而发挥倍增效益。

2017 年，美军提出“多域战”的概念，达到各军种、力量要素和作战领域的密切协同。2019 年下半年，美军全力推进联合全域指挥控制（Joint All-Domain Command and Control，JADC2）网络建设，以实现美国空军和陆军设想的未来多域协同作战。

6.3.3　大数据下的指挥控制新挑战

大数据下的指挥控制新挑战包括规模性挑战、动态性挑战、复杂性挑战，以及风险性挑战，如图 6-2 所示。

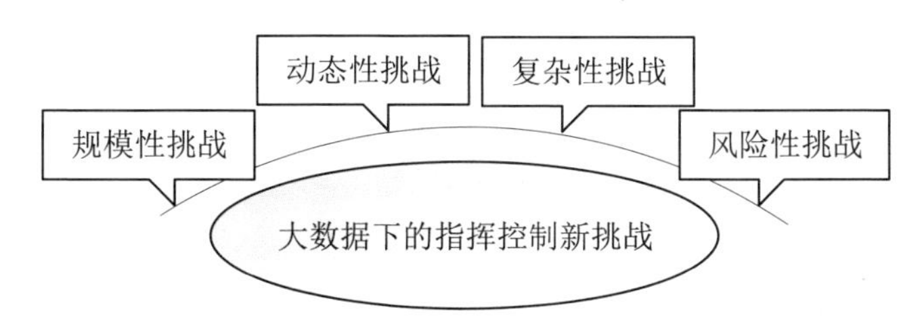

图 6-2　大数据下的指挥控制新挑战

1．规模性挑战

问题规模大，可能造成系统的承载能力不足。面对这一问题，企业可以选择外包，也可以参与创建供应链和生态系统，而军队则要寻求与地方部门或非政府组织之间的合作。例如，2020 年新冠肺炎疫情肆虐，这时就需要进行联合响应。

将众多资源集中在一起使用，从单一实体转变为实体集合，将在管理、治理及指挥控制等方面提出挑战。谁说了算？如何确定优先事务和资源的分配？如何解决利益冲突？如何实现高效的信息共享和协同工作？如何协调与同步各种行动？这些都是急需解决的问题。

对于指挥控制来讲，需要有一种方法能将各个组成部分转变为有效的和高效的整体。

2．动态性挑战

问题的动态性直接影响到系统的实时性，系统的响应时间取决于指挥员需要多长时间来认清态势、理解态势、采取适当的行动，使行动达到预期的效果，使情况朝期望的方向发展。指挥员所关注问题维度的增加也是导致问题不断动态变化的一个主要因素。常常会有这样的情况，即需要指挥员理解多个领域及其相互之间的作用，这使其更加难以理解这些问题，从而导致寻找解决方案变得更加困难。

随着大数据的出现，越来越多的信息以更快的速度被人们所感知，指挥员能够快速地获取采取行动所需要的信息，但前提是必须能够有效地处理信息。

3．复杂性挑战

随着通信技术的发展，各种传感器和设备系统的数量呈爆发式增长，这既增加了问题的复杂性，又导致了问题的不确定性和不可预测性。尽管大数据提供了减少不确定性的机会，但实际上也会在某些方面产生更多的不确定性，而不确定性又会以多种方式影响解决问题的能力。

缺乏确定性会造成诸多问题：一是会削弱指挥员临机决策的能力；二是会使指挥员在收集、处理更多的信息之后才能做出决策，从而导致行动迟缓；三是会增加指挥员的认知负担。

4．风险性挑战

风险是由一个事件的概率及其预期成本决定的。在决策过程中，决策者要对一系列方案进行判别和评估，风险评估是该过程的一个重要组成部分。

如果需要依靠信息通信系统来执行某一决策，则任何对信息通信系统可能的破坏都将增加风险。也就是说，信息通信技术的进步减少了操作风险，却可能增加技术风险。

6.3.4　指挥控制的应用案例

2011 年 5 月 2 日，美军发起旨在消灭“基地”组织头目本・拉登的“海神之矛”行动。执行任务的海豹突击队搭乘隐身直升机，借助暗夜从阿富汗秘密飞抵巴基斯坦境内的本・拉登藏身之处，经过 40 分钟的短促突击，以损失一架直升机而人员无一伤亡的微小代价，成功击毙本・拉登。“海神之矛”是一次典型的信息主导、体系支撑下的精兵特种作战案例。除海豹突击队极强的作战能力给人留下深刻印象外，在此次行动中，数据在美军情报侦察、组织指挥、力量运用、灵活应变等方面也展现出了巨大的价值。

“基地”组织具备较强的反侦察能力，美国中央情报局研究本・拉登的情报人员提出一个思路：虽然本・拉登深藏不露，直接对本人进行追踪有很大难度，但是要实现对“基地”组织正常的指挥，他不可能与世隔绝，因此必然存在和外界保持联系的纽带，顺着这条线索就可以发现本・拉登的踪迹。2007 年，美军通过审问一个“9・11 事件”的主犯，并结合已经掌握的“基地”组织的情况进行排查和筛选，最终确定了与本・拉登联系的一个重要信使的信息，随即对其进行监听和跟踪监视，并于 2010 年 8 月获得这个信使的真实姓名和住址。随后，美军锁定他经常出入的位于巴基斯坦阿伯塔巴德地区的某处院落，动用卫星、无人机、特工人员等各种侦察手段，对该院落进行了长时间的侦察。2010 年 9 月，本・拉登在该院内锻炼身体时被拍到，美军通过人体特征识别，最终确定了此人正是逃亡多年的本・拉登。

6.4　智慧军营大数据

智慧军营大数据实现了智慧军营的全系统、全业务、全信息数据汇总和集成存储管理，提供大规模并行数据分析，可为管理者提供决策支持，是智慧军营的记忆中枢和决策中枢。

6.4.1　智慧军营大数据的体系架构

智慧军营大数据在采集、存储原始数据的基础上，对大数据去粗取精、去伪存真，挖掘有价值的信息，并通过计算、分析，以可视化的方式展现，辅助态势研判和决策支持。智慧军营大数据的概念模型如图 6-3 所示。

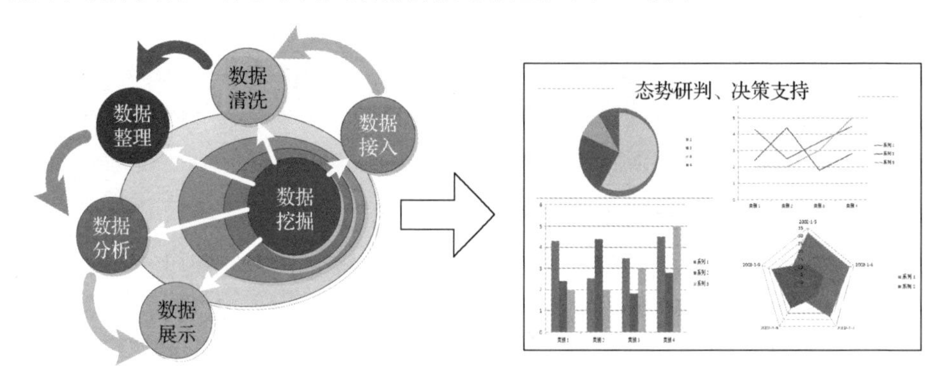

图 6-3　智慧军营大数据的概念模型

1. 体系组成

智慧军营大数据体系由网络、设备和系统三部分组成，如图 6-4 所示。

其中，网络是数据采集、传输的载体；设备是运行在网络之上的各类硬件实体；系统是对数据进行采集、处理，支撑顶层应用及可视化展现的软件平台。

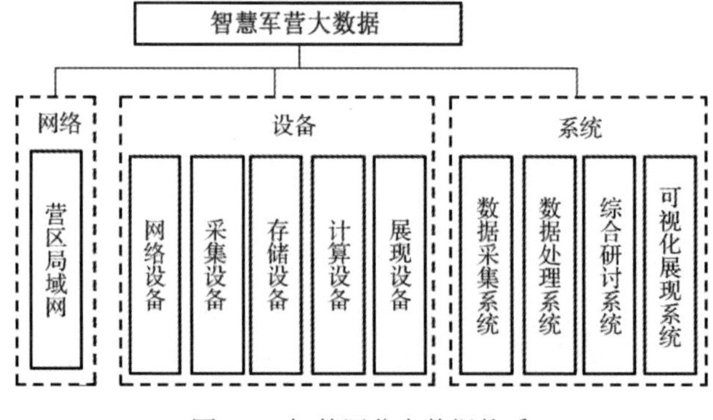

图 6-4　智慧军营大数据体系

2. 体系架构

智慧军营大数据的体系架构一般包括数据采集层、数据计算层、数据存储层、数据服务层、数据分析层、数据展现层等，如图 6-5 所示。图 6-5 给出了各逻辑层次涉及的相关关键技术与主要工具。

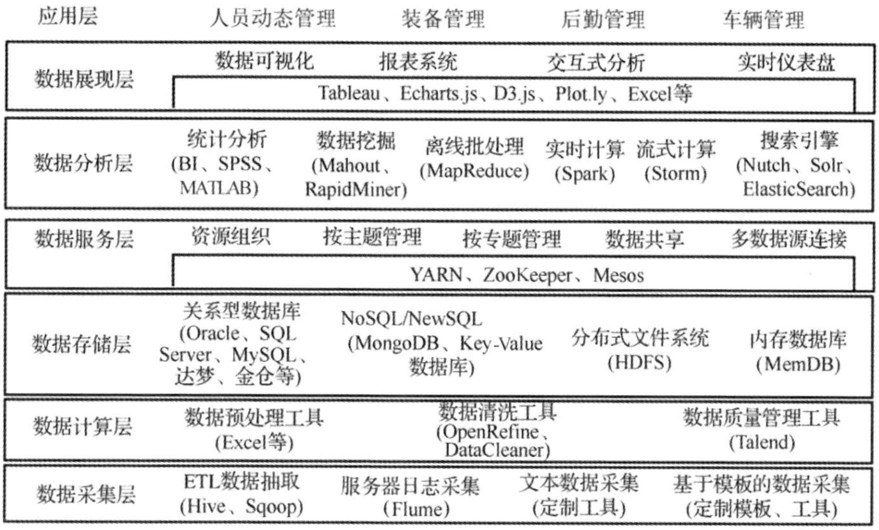

应用层	人员动态管理　装备管理　后勤管理　车辆管理
数据展现层	数据可视化　报表系统　交互式分析　实时仪表盘 Tableau、Echarts.js、D3.js、Plot.ly、Excel等
数据分析层	统计分析(BI、SPSS、MATLAB)　数据挖掘(Mahout、RapidMiner)　离线批处理(MapReduce)　实时计算(Spark)　流式计算(Storm)　搜索引擎(Nutch、Solr、ElasticSearch)
数据服务层	资源组织　按主题管理　按专题管理　数据共享　多数据源连接 YARN、ZooKeeper、Mesos
数据存储层	关系型数据库(Oracle、SQL Server、MySQL、达梦、金仓等)　NoSQL/NewSQL(MongoDB、Key-Value数据库)　分布式文件系统(HDFS)　内存数据库(MemDB)
数据计算层	数据预处理工具(Excel等)　数据清洗工具(OpenRefine、DataCleaner)　数据质量管理工具(Talend)
数据采集层	ETL数据抽取(Hive、Sqoop)　服务器日志采集(Flume)　文本数据采集(定制工具)　基于模板的数据采集(定制模板、工具)

图 6-5　智慧军营大数据的体系架构

1）数据采集层

数据采集层的作用是将各类业务领域数据从外部数据源导入大数据平台的数据缓存区，以备计算、分析使用，并且针对不同类型、不同时效要求的数据采用多种不同的技术和工具。

2）数据计算层

数据计算层主要包括数据预处理、数据清洗和数据质量管理等工具。

3）数据存储层

数据存储层是在对大数据进行清洗、转换、关联、标识、集成之后，根据数据的使用方式等采用不同的分布式存储技术进行存储，主要的存储方式包括关系型数据库、NoSQL/NewSQL、分布式文件系统和内存数据库。

4）数据服务层

数据服务层主要实现数据管理和数据共享两项功能。通过数据管理，可整合内外部各类业务领域的数据，建立不同主题、不同维度的资源库、主题库、专题库，实现横向集成、纵向贯通且共享的一体化资源库。

5）数据分析层

数据分析层主要提供数据挖掘、知识图谱、相似性分析、多元关联、机器学习、行为分析、智能推荐等数据分析支持。

6）数据展现层

数据展现层根据不同的业务需求，提供各类业务领域数据、分析结果的综合、多样化可视化展现服务。对于复杂的实体数据，可提供数据对照表及散点图、饼图、雷达图、仪表盘、矩形树图、树图等二维/三维图形显示，还可提供交互式信息显示、复杂信息关联显示、动态数据对照显示等。

6.4.2 智慧军营大数据的应用

智慧军营大数据的应用按照不同方向可大致分为数据挖掘、智能分析、安全管控。

1. 数据挖掘

数据挖掘是将隐含的、不为人知的，又潜在有用的信息从数据中提取出来，以发现某种规律或某种模式。

智慧军营大数据挖掘的三维模型如图 6-6 所示，三个维度分别是数据源（包括营区人员、装备数据，营区管理数据，营区业务数据等）、业务功能（包括人员管控、营区建设、综合研判等）、挖掘算法（包括统计、机器学习和神经网络等）。

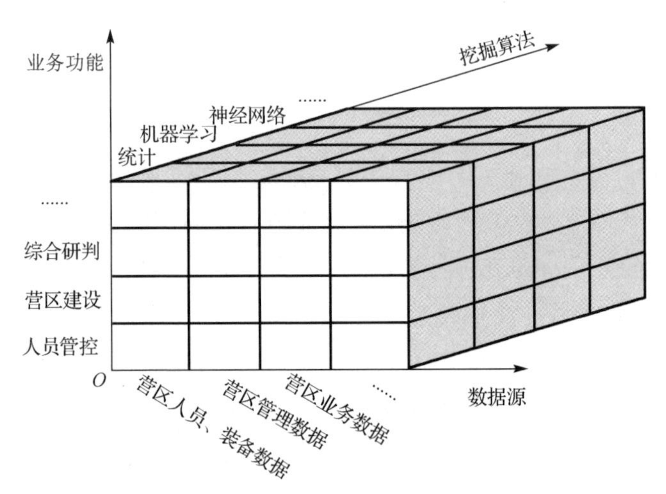

图 6-6　智慧军营大数据挖掘的三维模型

在营区人员、装备数据，营区管理数据，营区业务数据等的基础上，借助挖掘算法，最终可实现与业务功能紧密耦合的数据挖掘，为营区建设、态势综合研判等提供科学支撑。

2. 智能分析

智能分析基于计算机视觉功能，综合运用图像处理、目标检测与跟踪、模式识别等技术，检测并分析视频中出现的目标，最终实现图像质量诊断、人脸识别、车牌识别等功能。

以营区中的视频分析为例，通过在不同视频场景中预设不同的报警规则，系统可对于异常行为自动报警，便于用户及时采取相关措施。

3. 安全管控

安全管控指利用大数据技术对营区的人员、装备实施有效管理，预防突发事件，消除隐患，确保营区安全、稳定。

例如，在大数据基础上，借助生物识别技术，对人体固有的特性，如指纹、人脸、虹膜、脉搏、声音、步态等进行采集、比对、分析，从而在营区安全管理的以下应用场景中发挥巨大的作用。

1）防止假官兵蒙混过关

防止假扮成官兵的间谍或敌特分子出入军事管理区，进出官兵只有在基于大数据分析的生物特征（如指纹、虹膜）被授权确认后才允许通过。

2）有利于重要库室的规范化管理

采用“人—生物特征—生物识别”设备代替传统的“人—钥匙—锁”，非管理人员将无法非法进入重要库室，提高了管理的安全性、可靠性。

3）确保巡更制度的落实

传统的巡更是“人+笔+哨位登记本”模式，如果将生物特征作为签到方式，则系统将准确记录巡更时间和巡更者身份，避免补记、漏记、代填等弄虚作假现象。

6.4.3 智慧军营大数据的发展趋势

1. 服务智能管理

智慧军营建设的最终目的是实现营区要素数字化、营区设施智能化、信息资源网络化和日常管理可视化。智慧军营的“智慧”建立在对大量数据进行挖掘与分析的基础之上，在智慧军营的智能管理中，大数据将发挥基础性的核心作用。

基于大数据的智慧军营能够有效实现营区的“可感、可知、可视、可控”，有力提升营区智能化管理水平。大数据对智慧军营的支撑集中反映在以下方面：物联网接入（包括平台接入、参数采集、视频采集、远程控制）、研判分析（包括数据分析、预测预警、系统联动、三维展示）、指挥调度（包括资源调度、预案管理、应急一张图）、可视化管理（包括大数据分析、可视化展现）。

智慧军营概念图如图 6-7 所示。

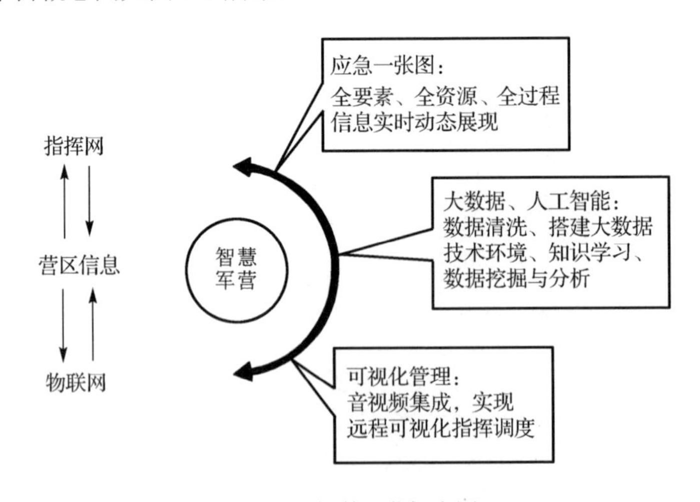

图 6-7 智慧军营概念图

2. 面向备战利战

军营是备战的地方，因此智慧军营建设必须坚持“建为战”的思想。大数据在实现“建为战”的目标中将为智慧军营建设提供坚实的数据和技术基础，为实现营区的战斗属性提供支撑。

如何按照战备需求建设营房？需要以军队现代化建设要求和新时期使命任务为牵引，注重顶层设计和宏观统筹，强化营区内高新武器装备及设施配置，对于实战化联合训练需求优先进行建设。然而，实现合理的体系布局不能空凭经验，需要在对军队和地方的大量建筑设计方案、建设数据、军队战争历史数据、军队战斗力数据等分析和研判的基础上，借助合理模型做出预测和决策，功能的划分、武器装备平台的设置、营区各要素物理及逻辑上的相对关系都需要经过精细、准确的计算。

第 7 章

社会治理大数据——秩序井然

7.1 社会治理大数据概述

大数据是当前社会治理依赖的重要技术手段，在风险研判、诉求表达、应急管理、行动轨迹描述等方面发挥着重要的作用，不仅为社会治理提供了新视角，还为社会治理的科学性提供了重要的技术支撑。本章在公共安全、市场监管和生态环境领域深入探讨大数据技术在社会治理方面的应用模式创新，是推进政府决策科学化和社会治理精准化的有效切入口。

7.2 公共安全大数据

从分布、多源、异构的公共安全大数据中快速挖掘出对公共安全工作有价值的信息，有效服务于公共安全领域的社会态势预测预警和应急处置，可以预防违法犯罪、化解不安定因素，从而维护社会的治安稳定。

目前，公共安全实现的目标有预测预警智能化、预案体系数字化、信息资源共享化、指挥控制可视化、风险防控网格化等。本节以警务大数据、消防大数据和反恐大数据为例，对大数据在公共安全领域的应用进行探讨。

7.2.1 警务大数据

利用大数据预测和打击犯罪行为是警务工作领域的应用热点，可通过快速挖掘相关警务大数据中有价值的信息，实现串/并案、事件趋势、群体行为、异常轨迹、社团识别等分析和预测。警务大数据应用包括以下几个方面。

1. 物理空间多类物理行为分析

该分析基于车辆行驶、人口流动等多类物理空间大数据，挖掘物理实体对象（如人、车）间、案（事）件间、实体对象与案（事）件间等的关系，提取物理行为模式，用于案件侦破和突发事件预警。基于大数据的群体行为模式挖掘流程如图 7-1 所示。

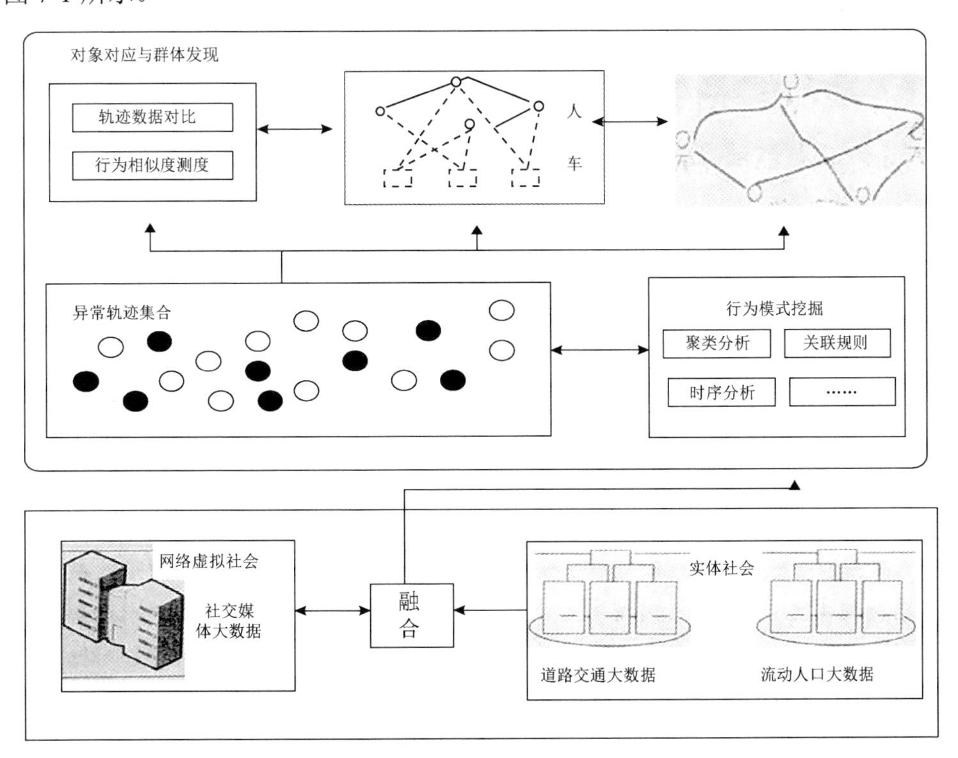

图 7-1　基于大数据的群体行为模式挖掘流程

例如，新冠肺炎疫情暴发后，全国多地利用警务大数据平台，实现了对人、车、物的精准摸排，为疫情精准防控、科学防治提供了有力支撑。大数据平台可对公安内外数据统一采集和汇聚，对来自重点疫情区域的人员和车辆进行专题建库建模，对本辖区内的重点疫情区域户籍人员基本概况及其分布、轨迹、感染和治疗情况进行多维度智能分析管控，有效解决了制约疫情防控质量与效率的瓶颈问题，迅速锁定涉疫人员流动。

2．网络空间跨媒体网络行为分析

该分析基于社会媒体网络空间大数据的语义，挖掘网络实体间的关系，提取多类媒体数据的网络行为模式，揭示网络行为扩散和传播的动力学机理，实现对突发事件的网络舆情监控。

例如，芝加哥警察局为了打击团伙暴力犯罪活动，创建了能够显示芝加哥14 000个活跃帮派团伙成员之间的关系地图。警方可利用此社交图谱追踪活跃的帮派团伙成员，向其发出警告信息，从而有效阻止未遂暴力犯罪事件。

3．以案（事）件为中心、基于多种行为的实体（嫌疑）对象分析

该分析基于案（事）件模型库，提取案（事）件行为模式，通过案（事）件和实体（嫌疑）对象行为模式的快速匹配，实现以案（事）件为中心、基于多种行为的实体（嫌疑）对象分析，从而对重点案（事）件、重点任务进行监测。

例如，江苏省公安厅开展了江苏警务大数据智慧搜救系统建设，基于全省各级公安数据中心汇聚与整合的海量异构数据资源和一体化建设部署的信息资源服务平台，支持面向全网不同节点（数据中心）分布式数据资源的综合查询和全文检索功能，实现跨警种、跨区域的数据共享和应用，实现全网物理实体数据和逻辑集成数据的快速定位、查询和检索，为各警种提供全方位、基础性、权威化的数据服务。

7.2.2 消防大数据

消防工作事关人民生命财产安全，为社会经济生产提供安全保障。借助大数据分析技术，可将各类消防资源通过互联网整合起来，提供快速、有效的消防隐患排查手段；基于火灾历史数据，可分析重点区域和部位发生火灾的可能性，为火灾预测预警提供决策支持。消防大数据应用包括以下几个方面。

1．在灭火救援方面的应用

在灭火救援方面，利用大数据可全面提升报警定位精确度，实时获取消防车辆位置、可用灭火药剂、消防器材、消防员位置与状态等现场态势感知数据，实现灭火救援全过程数字化。在森林灭火救援方面，通过为各地回传气象数据，结合国家林业和草原局与中国气象局给出的森林火险气象等级计算方法，经过数据

整合、计算和分析，给出监控区域当日的火险气象等级指数，提高安全态势感知和应急处置能力。

例如，通过建立森林防火大数据指挥中心，为火灾预测及火场调度提供及时、准确和高效的决策，融合人员、视频、气象、遥感和物联网等预警信息，根据火情信息上报火场位置，进行精确的地图定位，并可同时智能分析火场周边情况。从气象监测站中获取温度、湿度、气压、风向和风速等气象数据，根据气象数据、林相数据和基础地理数据生成火险指数图，划分火险等级。

2. 在防火监督方面的应用

用大数据分析火灾高发的原因，可为防火重点区域、时间段等提供决策支持。根据各级消防救援队的年度、季度、月度的灭火救援、社会救助等的历史出动数据，以起火时间、起火场所、建筑类别、起火物品、火灾原因等多个维度为切入点，分析各类火警事件指数，为重点防控提供决策支持。

例如，美国加利福尼亚警方就曾利用火灾预警系统来预测建筑物火情及分析纵火案。警方将一年内的火灾案件与季节、天气和建筑物自身因素等资料数据化，形成了一套火灾级别与火灾因素的拟合函数，进而形成经验数据，有效提升火灾预警能力。由于异常点代表着具有“人为纵火”的嫌疑，因此警方通过重点关注异常点可以找出隐藏在火灾背后的案情。

7.2.3 反恐大数据

在反恐领域，可利用博弈论、网络规划、计量建模与可视化分析等方法进行暴恐行为建模预警、处置资源最优调度、反恐设施优化选址。目前，基于反恐大数据的前沿研究主要集中在以下几个方面。

1. 基于人机群智协同的区域反恐数据感知技术

该技术利用群智感知计算模式，提出了基于多类物联网感知设备、社会群体及其随身智能终端的人机多元化群智式涉恐行为奇异稀疏数据感知采集机制，激励用户积极感知奇异稀疏数据；提出了基于群智协同的高质量暴恐数据标签识别方法，建立了众包框架，微任务式分解暴恐数据标签并提取任务，激励用户高质量完成，形成低成本、高质量和多样化的暴恐大数据集。

2. 区域反恐大数据元数据动态知识图谱

该技术结合反恐大数据来源广泛、格式异构、地域分布广泛、节点动态增减的特点，参考公安部门元数据体系的设计思路和实现方法，提出多源异构高维分布反恐大数据的动态语义识别方法，建立基于元数据的动态知识图谱；进一步研发反恐大数据语义识别分析工具和关联融合处理工具，为实现数据语义关联融合、建成区域反恐大数据综合资源库提供核心元数据体系支撑。

3. 基于复合救援路径的区域反恐应急资源配置优化及调度技术

该技术针对区域重点部位突发事件差异化应急处置的多样化、时变性的复杂需求，分析各类区域应急处置资源（人力、装备、物资）动静态分布、储备特点和储备时空约束集，优化面向各类区域重点部位的差异化应急资源布局；研究区域重点部位复合救援路径的多样拓扑结构和交通状态的周期性变化规律，提出复合救援路径的可靠性时变分析和应急资源配置优化的时变分析技术，满足区域重点部位应急资源布局的动态调整。

4. 多粒度区域暴恐事件主动防控预测模型体系

该技术为解决现有反恐情报模型普遍存在的适用场景单一、预测能力不足、以被动应对为主、难以满足实际业务需要等问题，提出以主动防范为目标的区域暴恐事件主动防控预测模型体系。该体系利用深度学习模型实现反恐防控要素多粒度精确预测，具有多要素、系统化、前摄性的技术优势。该体系从区域、场所、个人等多个角度，可为暴恐活动预测、网络涉恐犯罪活动管控、社会安全态势风险评估等基层反恐工作提供精准的预测预警服务，实现以预测预警为主导的“主动防控”。

7.3 市场监管大数据

当前，诸多生产运营活动逐渐从线下转移到线上，传统的监管方式已经无法适应大数据时代的发展需求。采用大数据技术，共享市场各类数据资源，挖掘多样化数据的价值，创新监管模式和服务理念，构建新型市场监管体系，提升政府部门的监管效能和服务水平，已成为大数据时代亟须加强市场监管现代化建设的重要手段和途径。

7.3.1　市场监管大数据的作用

1．打破监管“信息孤岛”，创新破解监管难题

只有打破政府部门内部的“信息烟囱”，搭建跨部门的“信息桥梁”，才有可能摆脱“信息孤岛”的困境。政府涉及监管职能的各部门必须齐心合作、协同办公，打通相互之间的异构数据库，增强数据共享程度，只有这样才能最终实现对海量、多源数据的整合分析处理，进而在数据挖掘后发现国家经济宏观运行规律与趋势。例如，2020 年年初，针对新冠肺炎疫情防控形势，相关部门结合大数据分析结果，评估与预测疫情对近期和远期社会经济运行产生的影响，进而为统筹医疗物资储备、保障民生物资供应，建立快速、高效的经济应急反应机制提供了有效依据。

2．提升监管质量，提高预测预警水平

收集市场主体内部的海量数据，并通过对数据的分析处理结果来掌握多方面的真实状况，已成为必然的趋势。此外，收集与市场主体相关的其他外部数据，综合各方数据分析市场主体活动的特点，能够作为重点监管领域的“定位仪”，使市场监管更加高效、精准。同时，大数据技术能够预测预警市场经济风险，有针对性地提前部署重点领域监管。例如，新冠肺炎疫情暴发后，部分企业通过研发网络交易监管系统，对网络交易数据采集和分析，助力市场监管部门对疫情期间网络交易的价格波动情况进行有效掌控，开展针对防疫产品的市场监管工作。

3．善用消费维权信息，保障消费者权益

消费者的投诉数据与相应商家的解决方案数据，可以比较全面地折射出市场的微观情况。在对数据进行整合、挖掘与分析后，可以结合具体的产品、商家、行业发展情况，以及国家宏观经济趋势，为市场监管部门开展监管活动提供保障。例如，诸多极具价值的数据持续汇聚到 12315 中心，12315 中心在分析、总结此类数据之后能够发现市场消费规律，对于增强消费者维权意识、提升消费者维权能力有重要意义。

4．强化企业信用约束，强化服务职能

目前，涵盖各省市的企业信息公示系统已在全国初步构建。借助分析企业信

用关联数据得出的结论，可使市场监管更具效率，使市场监管部门能够准确识别经营状况不佳或接受过处罚的企业，从而对其实施重点监管。多个省市相继建立并完善了“三证合一、一照一码”制度，搭建了网上项目并联审批系统平台服务中心。另外，运用大数据技术可进一步促进政府部门行政管理流程的重塑和升级，为企业及群众办事提供网上快速通道，达到“一表申请、一窗受理、一次告知、一份证照”的目的。

7.3.2 市场监管新模式

1. 物联网+市场监管

对商品生产和流通过程进行及时、准确的溯源是市场监管的最大难题，而物联网技术与互联网技术的融合为解决这一难题提供了有效的方案。试想一下，如果所有的商品都能通过类似“溯源”的方式，从原料采购到生产销售，使产业链上的每条与商品质量有关的信息都能通过物联网进行查询、检索，让所有环节都能暴露在物联网的“阳光下”，让消费者成为监管者之一，那将是一种什么样的情景？

物联网通过条码、IC 卡、射频识别等技术对“物”进行标识。在商品的生产、运输和销售等各个环节，物联网可通过标识对每件商品的状态进行跟踪，并自动录入联网的数据库中。目前，物联网在食品监管中已经开始发挥作用。

物联网为食品流通的全过程跟踪监管提供了有效的技术支持，是加强食品安全监管、建立诚信社会的有效手段。物联网在食品安全追溯领域的应用，是食品安全管理的必然趋势，物联网对食品安全问题的解决具有重要的现实意义。然而，新技术的投入必然会增加生产成本。为解决安全与成本的矛盾，一方面需要产业界在更新观念的同时更新技术，力图在保证安全的同时降低监管成本；另一方面需要政府的大力投入和督办。与此同时，在物联网的推广上，标准的制定、接口的统一等，都需要相关部门统一实施，信息的可信程度也需要有相关法律的保证。

2. 互联网+市场监管

网络交易极大地影响了人们的消费模式和生活模式，各种交易平台的购物节、秒杀、众筹、海淘等新的交易模式不断涌现，网络交易和电子商务带给人们诸多方便。然而，一旦出现交易纠纷，与传统市场相比，网络交易市场可能更具隐蔽性，使维权更加困难。网络交易所面临的监管空白问题愈发突出，除了假货，虚假宣传、欺诈、违法广告、侵害消费者个人信息、不正当竞争等一系列违法经营行为已成为移动互联网市场健康发展的阻力。

一方面，互联网的技术结构和运行模式决定了其具有去中心化、分布式、平等化等特点。用户参与是社交网站的核心，用户是社交网站的使用者，同时也是制造者。在电子商务网站中，有大量的用户既是买家也是卖家。卖家所在地、网站服务器所在地、商品所在地等交易要素可能分布于不同的区域中。另一方面，互联网的天然特性使用户在互联网上的行为都是可追溯的，用户的每个行为必然存在于网络的某个位置中，这为用户行为的追溯提供了基本的数据支撑。因此，在互联网环境中，市场监管体系建设应以网络交易平台的参与、监督和自组织为切入点，从平台参与的角度设计监管解决方案。市场监管部门主要进行规则设计、引导及采取必要的干预措施，并与大型电子商务平台对接数据，分析消费产品的比重，了解公众的个人消费情况；同时，对于网络交易风险与违法事件，通过数据比对，精确定位到个人。

3. 区块链+市场监管

在市场监管工作中利用区块链技术能够有效提升市场监管的科学性。区块链是非关系型大数据之后第三个数据管理发展的阶段。通过利用区块链技术，能够获取全网中非常可信的大数据，从而灵活运用智能化技术和经济学领域的知识进行个性化预测，并且利用自动化技术进行市场分析与潜在市场预测；能够对潜在的市场进行有效监管，维护市场的稳定，进而对未来状况进行有效的解读及决策，从而有效地提升市场主体的服务水平，更好地发挥政府的服务功能及市场的监管功能。

在市场监管中利用区块链技术，能够净化市场环境，帮助企业在当前的市场竞争中占据优势，获取更多的经济收益，避免恶性竞争现象的发生，带动市场经济的发展和维护社会的稳定。此外，利用区块链技术可进行注册登记，如企业信息和商标等知识产权的注册。在登记时也可以通过利用区块链的时间戳功能提供可信的登记记录及登记时间，通过利用区块链的加密技术更好地保障企业及个人的数字资产，保护个人的隐私，从而更好地进行市场监管。

区块链技术能够对行政管理及公共管理的任务进行重新配置，提高资源的利用效率；能够提供具有代表性的、专业化的、公平的市场监管与现实中的消费者互动的方式，协调政府与公众之间的关系，有效地提高公众的参与程度，让公众融入市场监管中；能够对生活中的各种消费纠纷进行妥善安排，从而解决执法过程中存在的“傲慢与偏见”的问题；能够对市场监管部门产生重大的影响，提升市场监管部门的工作质量和水平，促进市场监管模式的变革，净化市场竞争环境，展现市场竞争的秩序，为市场经济的发展提供动力。

7.3.3　市场监管大数据体系

1．系统体系

建设囊括市场监管所有过程及产品生命周期的数据链是市场监管大数据的目标。图 7-2 所示为市场监管大数据的参考架构。其中，数据收集与集成层是实现市场监管各环节数据收集与集成的关键，能够连接现有信息系统的数据。数据源囊括了与市场监管相关的业务数据。其中，其他部门数据指其他政府监管部门的相关数据；外部数据主要包含与市场主体活动相关的外部网络数据。

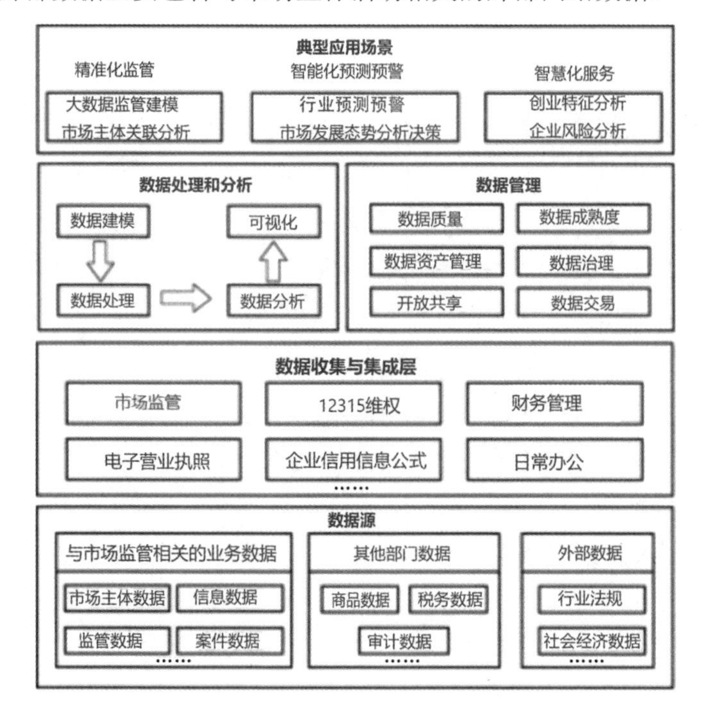

图 7-2　市场监管大数据的参考架构

市场监管大数据的核心环节是数据处理和分析及数据管理，其主要目标是实现市场监管大数据面向监管执法过程的精准化监管及智能化服务。依赖数据处理和分析的结果，典型应用场景层能够实现可视化及决策支持等个性化应用，实现精准化监管、智能化预测预警及智慧化服务。

2. 应用服务体系

1）在市场精准监管应用领域，服务政府管理决策

市场监管大数据可以从企业主体登记信息、日常检查信息、其他部门分享的信息及网络社交媒体公布的信息中获取。市场监管大数据通过对市场主体多角度、全方位的分析，研究其与宏观经济的关系和影响，同时从宏观角度分析市场现状和监管改进方向，为提高政府的宏观调控能力和决策水平提供数据支撑。

（1）市场主体风险管理。

过去，市场主体由于数量多、信息少，存在的风险难以评估，而一些处于供应链中的主体如果发生风险事件会影响上下游。因此，政府应建立信息公示、信息抽查、信息共享及风险评估机制，加强协同监管，实现风险监管的全覆盖，从而提高风险管理能力。

（2）市场秩序监测。

市场监管大数据能够对市场主体进行全面的数据评估和监管，实时性和效率都比以前显著提高。大数据能够实时监管市场主体相关数据，及时发现违法交易行为。通过对市场交易双方资金流动情况的监管，结合业务数据，可以对违法行为进行识别和处理；同时，加强日常检查和强化奖励机制，可以强化监管效果，降低行政成本。

2）在智能预测预警应用领域，服务产业转型升级

政府可综合利用现有数据，加强收集相关数据，利用市场监管大数据的基础条件，借助共性支撑体系的各类技术手段，运用数据挖掘与分析技术，建立一个市场监管大数据应用平台。

（1）注册登记风险预警。

政府可利用共性支撑技术，针对信用低的企业注册进行限制登记，对异常投资和资金流动进行分析与研判，开展大数据注册登记风险预警，有效防止非法集资、虚假注册等行为。

（2）市场主体大数据“画像”。

政府可通过数据收集和整理，并结合 GIS 和知识图谱相关技术，建立市场主体的位置地图和经营关系网状图，构建市场主体画像，预测市场风险，提高市场监管效率。

（3）市场主体风险点研判。

政府可利用大数据实时分析并处理网络舆论媒体收集的数据和现场检查的数据，构建市场主体风险点研判服务产品，及时准确地发现风险点。

3）在市场信用管理应用领域，探索“互联网+监管”新模式

（1）违法行为线索发现。

过去，市场监管模式具有地域性，市场监管大数据通过实时监控市场行为突破了地域限制，让市场监管部门可以将更多的精力投入执法过程中。政府可利用共性支撑技术对市场主体登记、纳税等数据进行分析和处理，加强预测预警，实行预测预警和识别违法行为工作的自动化，实现自动监管。

（2）市场主体信用管理。

政府可对市场主体相关信息进行分析和处理，并开展对市场主体的信用评估和评价；研究构建市场主体信用管理服务产品，结合现有数据库的市场主体信用信息和相关政府部门数据，并实时补充由媒体更新的数据，利用可视化技术，实时呈现信用变化情况；根据市场规律和市场监管情况，建立市场主体信用评级模型，实现市场主体信用评级的自动化，并对信用异常的市场主体加强监管，实现精准监管。

3. 管理保障体系

1）组织管理体系

政府应建立在市场监管部门的领导下，由大数据业务处室牵头，法规、市场管理、食品药品监督、信息中心等处室或单位配合，税务、公安、科技等相关部门共同参与的联席会议制度，明确工作责任，推动市场监管大数据的应用。联席会议统筹协调并组织实施市场监管大数据战略，制定相关重大决策，建设相关重点项目，推动数据共享，定期研究解决发展中的热点、难点问题，落实市场监管大数据发展的相关政策、措施；开展市场监管大数据培训和普及工作，邀请专家和相关院校开展讲座和培训，普及大数据相关知识，推进市场监管大数据的建设。

2）法规制度体系

政府应结合公共数据共享开放的相关法规，制定市场监管大数据共享开放细则，规范大数据的采集、存储、应用，制定市场监管大数据共享开放目录；根据当地政府的大数据应用实际情况，与各地政府合作开展大数据统筹管理和应用，确保数据的开放性和可控性。

3）人才保障体系

政府应结合市场监管大数据实际，对大数据人才培养模式进行改革创新；发挥地域优势，利用学术交流和国内国际合作的机会，结合相关市场监管项目，积极培养熟悉市场监管的实用型、综合型大数据专业人才；与地方高校和研究机构合作，共同培养相关人才，支持企业和个人在市场监管领域创业；利用社会资源对市场监管工作人员进行相关培训，开展市场监管大数据的普及和推广工作；紧跟重点人才培养工程，引进和培养市场监管领域大数据方面的高端人才，推出人才创业配套政策，鼓励高层次人才创业，提高市场监管领域大数据方向的吸引力。

4）数据市场环境

（1）营造良好的氛围。

在法律和政策许可的情况下，社会信用服务等机构可建立市场主体信用数据库并提供相关服务；对市场监管大数据进行数据分级，非核心和非保密的项目可以外包给相关企业和机构，以促进相关企业和机构的发展；依托省、市大数据园区，积极促进市场监管的关键技术研发和数据服务应用，促进重大项目落地、重大应用示范建设；通过数据共享示范、树立成功典型等方式，吸引优秀企业和人才参与市场监管大数据的建设。

（2）成立数据管理企业。

针对部分核心应用和保密事项，可以考虑建立国有控股企业进行专门管理，对相关数据进行脱敏处理，结合其他数据开展数据增值服务，同时与社会机构、大数据企业和研究人员进行项目和研究合作，促进市场监管大数据的产业发展。

（3）培育数据交易市场。

通过市场培育和引导，鼓励相关数据服务企业开展市场监管方面的产品研发和数据服务，建立市场监管大数据的交易中心，明确交易流程和规范，确定交易内容和服务，加强试点和示范工程的引导作用，积极拓展市场监管大数据的服务范围，发挥数据价值，服务于市场监管。

7.4 生态环境大数据

7.4.1 生态环境大数据概述

我国环境污染形势依然严峻，环境污染治理任重道远。2018 年，中共中央、国务院发布《关于全面加强生态环境保护　坚决打好污染防治攻坚战的意见》。该文件指出，打好污染防治攻坚战，要从质量、总量和风险三个层面确定生态环境保护目标，呼唤环保产业的快速、持续和健康发展。

将测绘地理信息、时空信息大数据等新技术运用到环境污染治理中，旨在为管理人员提供信息化工具；通过提供多种时空信息，辅助管理人员更好地把控环境污染治理，提高环境污染治理效率。具体而言，生态环境大数据可以辅助管理人员把控环境污染治理，强化落实环境保护责任，提高管理水平，消除环境污染安全隐患，高质量、高效率地完成各项治理任务。

7.4.2 生态环境大数据的特点

生态环境大数据具有数据量大、产生速度快、种类多等特点。

（1）数据量大。我国幅员辽阔，且环境污染治理涉及的各部门前期积累了大量的数据资源，因此由各地域、各部门存储的海量数据构成了数量规模极大的大数据。

（2）产生速度快。环境监测利用传感技术及装备，可实时采集大量的数据，数据产生速度极快。

（3）种类多。生态环境大数据的种类繁多，包括环境污染专项数据、公共服务数据、基础地理数据等，如图 7-3 所示。

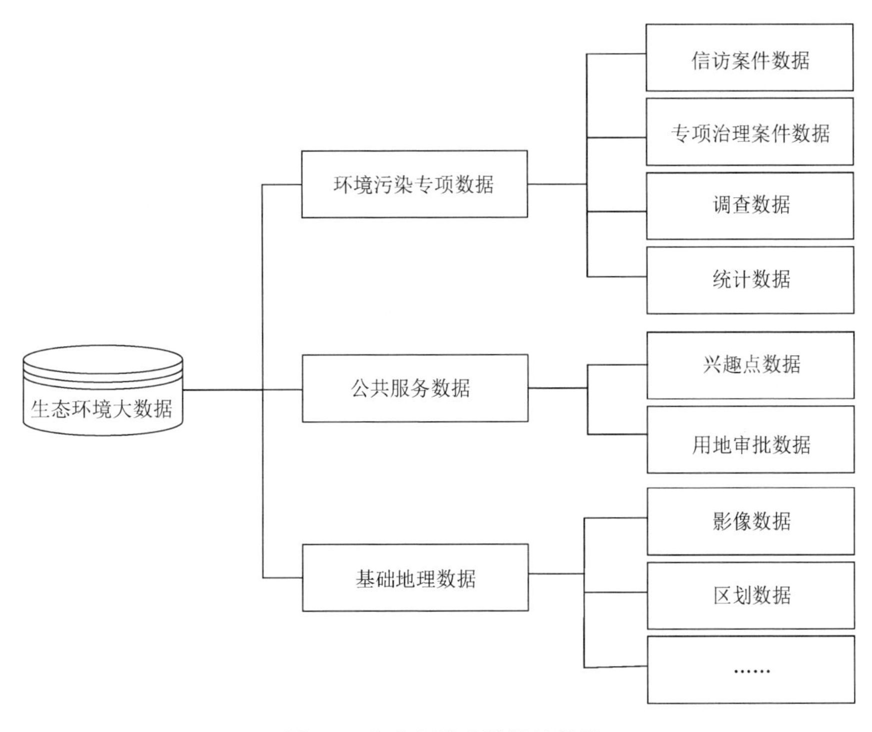

图 7-3　生态环境大数据的种类

① 环境污染专项数据。该类数据主要是一些静态数据，包括信访案件数据、专项（固体废弃物及污染地块、区域水环境、入河排污口等）治理案件数据、调查数据、统计数据，数据中包括案件发生位置描述、发现时间等信息。

② 公共服务数据。该类数据是辅助数据，包括兴趣点数据、用地审批数据，主要用于对环保案源位置、对象等信息资料进行补充，辅助督查人员判断现场污染整改情况。

③ 基础地理数据。该类数据包括影像数据、区划数据等，主要用于叠加环境污染专题数据，辅助督查人员掌握环境整改趋势。随着遥感影像数据获取方式的多样性及便捷性的不断提升，可以积累越来越多的通过航空摄影、卫星遥感、无人机等多种方式获取的遥感影像数据，形成基础地理数据。

7.4.3　生态环境大数据的应用

利用生态环境大数据，可以开展如下应用。

（1）细分区域自然资源督查案源展示和分析（直观展示细分区域的自然资源

督查案源状况）。

（2）区域自然资源督查案源处理结果统计分析、考核评价。

（3）区域自然资源督查案源发展趋势分析（通过对历史数据的分析及挖掘，掌握区域自然资源督查案源的发展趋势，对本年度环境质量改善目标进行规划）。

（4）区域自然资源督查案源特征分析，明确管控对象（分析和研判区域自然资源督查案源的特征，掌握各项参数指标的季节特征、分布规律，明确不同时段的重点管控对象）。

（5）精准锁定自然资源督查来源，精准处理自然资源督查案件。

（6）区域自然资源督查案源的分布情况分析等。

第 8 章

医疗健康大数据——妙手仁心

在国家不断推进“互联网+医疗健康”产业结合发展的大背景下，各级各类医疗机构的信息化程度不断提高，大数据、智能穿戴设备和云服务等不断更新，逐渐形成了丰富的医疗健康大数据。作为国家大数据的重要组成部分和国家重要基础战略性资源，开放共享的医疗健康大数据将助力政府实现智慧医院、个性化治疗、智能临床决策，激发医药卫生体制改革的动力和活力，进一步提高医疗健康产业的服务水平和管理水平。

8.1 医疗健康大数据概述

医疗健康大数据是涉及生命全周期，在疾病防治、健康管理等过程中产生的与医疗健康相关的数据，涵盖临床诊疗数据、区域卫生信息平台数据、医学研究数据、疾病监测数据、个人健康管理数据、网络医学数据、生物信息数据等许多领域。医疗健康大数据的来源主要有三个：一是患者在看病就医的整个过程中产生的新数据，包括电子病历、检验、影像和基因数据；二是临床医学研究及医学实验室产生的数据，如一张普通的 CT 影像大小约 150MB、一张标准的病理图约 5GB；三是与医疗健康相关的行为活动所积累的数据，包括出生、免疫、体检、门诊、住院和其他活动。

医疗健康大数据的来源如图 8-1 所示。

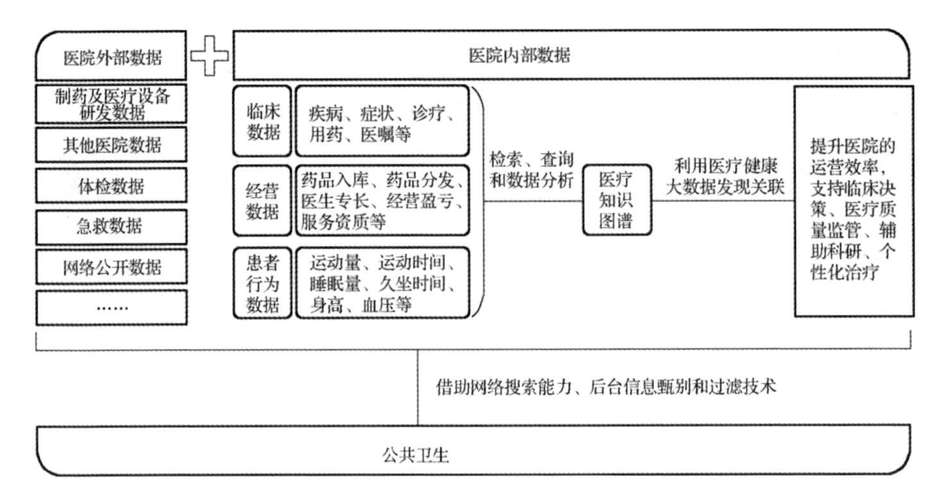

图 8-1　医疗健康大数据的来源

在实际应用中，由于医疗健康大数据具有碎片化、高敏感度、高隐私性等特点，再加上医疗从业人员的数据分析应用知识薄弱，大量的医疗健康大数据一直处于“休眠”状态，数据资源并没有得到充分利用。因此，医疗健康大数据要应用于实际临床决策，需要符合以下几个特征。

（1）采集数据要全面。采集的数据不仅要包括在业务范畴内相关业务产生的数据，还要包括对患者、工作人员、医院资产等所有对象的管理数据。

（2）数据要标准化。标准化是数据利用的前提，采集的数据必须进行标准化处理。例如，建立全国统一标识的医疗卫生人员和患者的ID、医疗卫生机构的数字身份等。

（3）治疗过程要全程跟踪。采集数据应以患者和医生为中心，治疗过程要数字化。对于医生，要围绕医嘱实现治疗的全过程数字化处理；对于其他工作人员，要采用全过程数字化管控，做到可回溯、可追踪。

（4）管理对象要可控。需要建立以管理对象为主索引的数据库，以方便管理者对所管辖的对象本身及该对象在运行过程中产生的数据进行管理。

8.2　医疗健康大数据挖掘技术

大数据挖掘技术模型一般分为描述性模型和预测性模型。描述性模型用于回答数据集是什么、有什么性质；预测性模型则是对数据现有性质进行归纳，从而预测未来趋势。在医疗健康领域，按照疾病的诊治顺序可分为预防、诊断、治疗和预后四个阶段。医疗健康大数据挖掘技术在疾病预防阶段主要用于疾病诱因识别和疾病关联分析；在疾病诊断阶段主要用于结合向量机、决策树、神经网络等方法辅助临床诊断；在疾病治疗阶段主要用于辅助药物治疗和临床路径挖掘；在疾病预后阶段主要用于药物不良反应检测和预后情况预测。具体的技术主要包括知识图谱、机器学习、自然语言处理、计算机视觉、语音识别等，如图 8-2 所示。

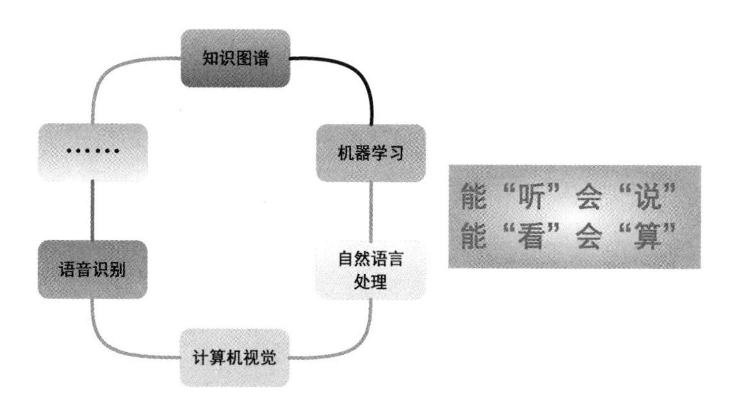

图 8-2　医疗健康大数据挖掘技术

8.2.1　知识图谱

在门类繁多的学科中构建和研究医学知识图谱，难度最大。相同的临床症状可能诊断出不同甚至差别很大的疾病，反之，即便同一种疾病，也可能拥有千差万别的临床症状。而且，医学知识图谱对人类应用服务的支撑需要达到极高的准确性、可靠性、完整性指标，除此之外，还需要具备可解释性。因此，无论是对医学知识图谱的科学理论研究还是现实落地应用，仍然任重道远。

智能问答服务是人工智能技术的普遍应用方向之一，医疗健康领域也不例外，其主要方法包括信息提取、语义解析、数据结构化和知识表示等。知识图谱与医学知识的结合，使医疗问答系统由传统的基于关键字搜索的模糊问答转向基于知识的语义精准问答。但由于知识图谱本身的知识推理能力尚有不足，加之医学知识过于复杂，因此构建在医学知识图谱基础之上的智能问答系统想要取得实质性的突破，难度可见一斑。

知识图谱在医疗健康大数据挖掘中的应用如图 8-3 所示。

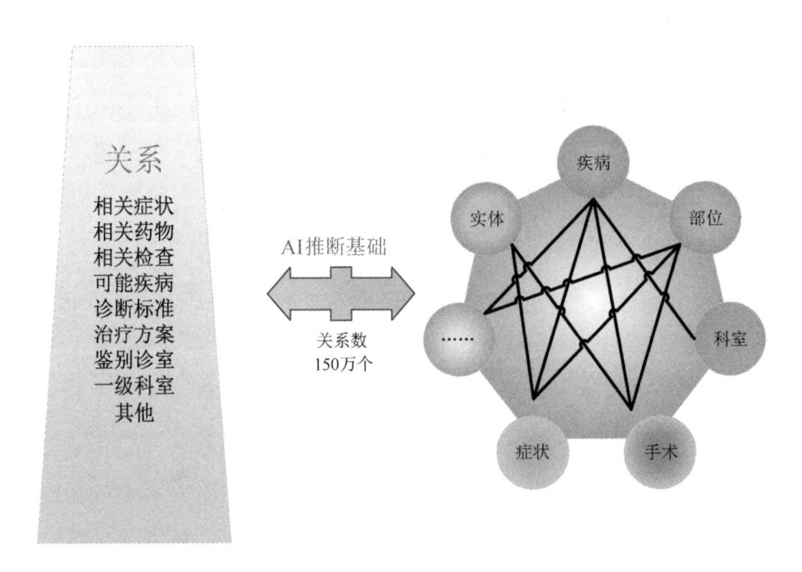

图 8-3　知识图谱在医疗健康大数据挖掘中的应用

8.2.2　机器学习

利用机器学习，可以从多而杂的医疗数据库中挖掘和预测不良症状和恶性疾病；可以提高基因组测序的精准度，如以视网膜眼底图像数据为基本依据，挖掘和检测出心血管疾病的风险因素。医生可以以人机智能交互的方式借助机器学习引擎来查询相同或相似的医学影像资料，以提高工作效率。

机器学习在医疗健康大数据挖掘中的应用如图 8-4 所示。

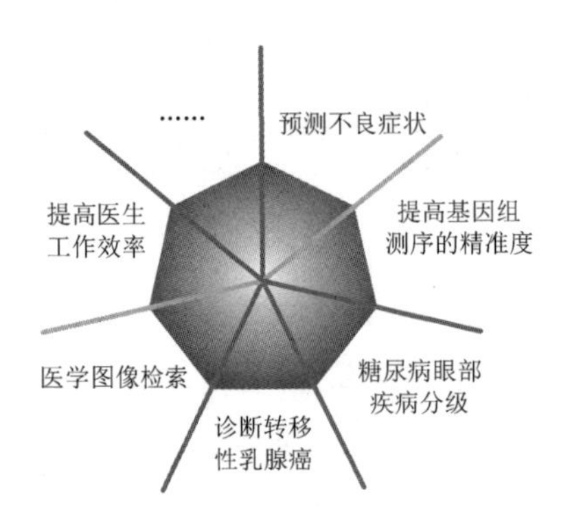

图 8-4　机器学习在医疗健康大数据挖掘中的应用

8.2.3 自然语言处理

自然语言处理（Natural Language Processing，NLP）在医疗健康领域的典型应用之一是医疗文献识别。医疗健康领域最具代表性的 CodeRyte CodeAssist 系统，就是通过使用自然语言处理算法，扫描医生报告中的结构化甚至是非结构化数据来为医生诊疗和医院管理提供帮助的。该系统可以自动读取并识别报告中关于疾病和治疗方案的文字内容。此外，该系统还利用国际疾病分类（International Classification of Diseases，ICD）和当前程序的术语（Current Procedural Terminology，CPT）代码自动对报告进行分类和标注，为保险公司后续赔付医疗费用提供便利。

自然语言处理在医疗健康大数据挖掘中的应用如图 8-5 所示。

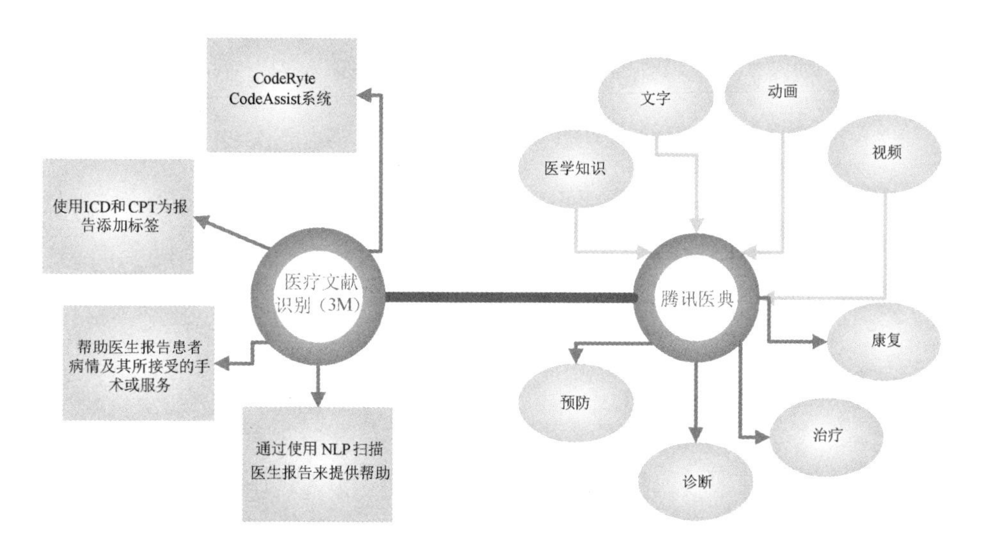

图 8-5　自然语言处理在医疗健康大数据挖掘中的应用

腾讯医典是另外一个典型的基于自然语言处理算法的医疗辅助系统。腾讯医典立足于专业医生的医学知识和经验，同时结合文字、动画、视频等富媒体形式，借助大数据、人工智能等新一代信息技术手段实现同患者医疗需求情境的精准匹配，使患者在疾病预防、诊断、治疗、康复的全流程均可获取有用、实用的医学知识，提升人体健康的自我管理水平。此外，为了确保内容的准确性与权威性，腾讯医典还与相关机构合作，获得 6 万篇以上的中文医学资料，为其自然语言处理系统提供全面支持。

8.2.4 计算机视觉

研究发现，利用计算机视觉技术，可以极好地分辨良性和恶性皮肤病变，其效果与 20 多位经过认证的专业皮肤科医生联合诊断的效果不相上下。此外，计算机视觉技术还在医学影像领域（如放射和病理学）得到了较好的应用，如利用计算机视觉技术对医学影像进行全面、精准的解读。

静态的医学影像仅仅是计算机视觉技术的一项基础应用，它还可以在解读动态视频方面“大展拳脚”，如可以对医生和患者的行为进行解读。目前，最具代表性的是斯特拉斯堡大学的研究团队，他们通过在手术室配置传感器，利用计算机视觉技术精准地识别和解读手术流程。

计算机视觉在医疗健康大数据挖掘中的应用如图 8-6 所示。

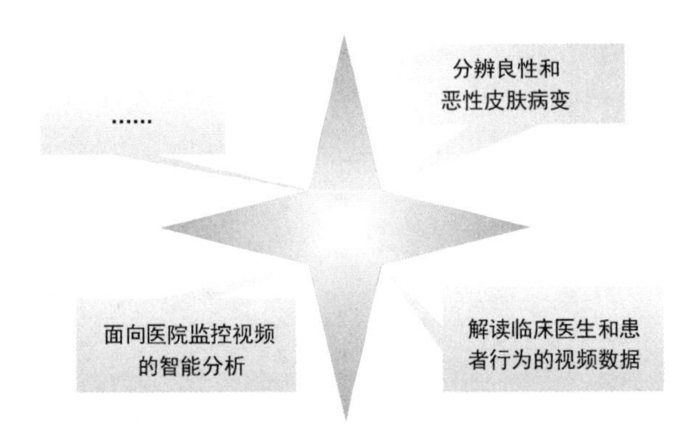

图 8-6　计算机视觉在医疗健康大数据挖掘中的应用

目前，利用计算机视觉技术解决医疗健康问题的典型机构有斯坦福大学医学院、露西尔帕卡德儿童医院等。它们共同合作，在全院范围内配置计算机视觉装备及软件，并将其应用于实时解读医生的诊疗行为。考虑到医生和患者的隐私保护问题，医院并未简单地使用录像机，而是通过深度传感器和热传感器采集原始数据，再将数据提供给机器并借助计算机视觉技术进行解读。其中，深度传感器采集对象反射的红外光波信号，通过计算传感器与对象间的距离并结合对象表面特征来构建对象轮廓。热传感器的原理是基于人和物体表面温度上的细微差别，构造人体在运动中的外形轮廓热图，同时可以捕捉到呼吸微弱和尿失禁等临床患者的突发情况。此外，热传感器在光照和黑暗环境中均可正常工作。计算机视觉技术在保护医患隐私的同时，也使准确识别医患的临床行为成为可能。

8.2.5　语音识别

自动、精准地识别人类语音并将其转化成文本，在那些存在大量口述的工作场景中显得意义重大，而医生对于患者的诊疗正属于该类场景。Dragon Medical One 是为医生提供的一种高效有用的解决方案。该方案致力于对医生在诊疗过程中发出的语音进行识别并形成规范的电子健康记录。

语音识别在医疗健康大数据挖掘中的应用如图 8-7 所示。

图 8-7　语音识别在医疗健康大数据挖掘中的应用

8.3　医疗健康大数据的应用

由于医疗健康大数据类型众多、信息繁杂，其应用和发展不可能一蹴而就。目前，医疗健康大数据在样本筛选、临床决策支持、健康评估、健康监测预警、疫情防控和个性化治疗等方面已经得到了一定的应用。

8.3.1　样本筛选

样本筛选是指综合评价医疗健康大数据中的大量人群信息，从中挑选具有代表性的信息，如容易感染某类疾病的人群信息，提取相应的样本数据，再对该人群的病历档案数据进行挖掘与分析。样本筛选过程如图 8-8 所示，可通过挖掘与分析来确定哪类人得糖尿病的风险比较高，从而为其提供预防性治疗。

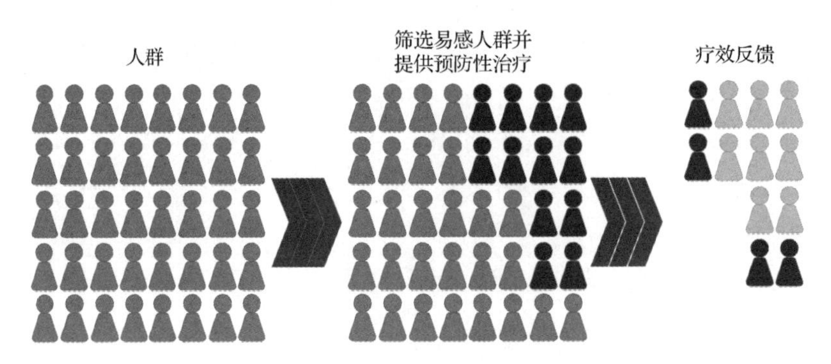

图 8-8　样本筛选过程

8.3.2　临床决策支持

临床决策支持系统如图 8-9 所示。该系统可将医生输入的数据和已有的指导病例进行比对，获得决策方向，避免因医生的疏忽引发医疗事故，如药物过敏。同时，该系统可帮助医生在已有方案中选择最佳的治疗方案，如成本更低的治疗方案。得益于语音处理和图像处理技术的逐渐成熟与广泛应用，临床决策支持系统日益完备，可将治疗时的大部分例行性、重复性工作交给护士和助理处理，从而让医生聚焦更具专业性的治疗工作，提高治疗效率。

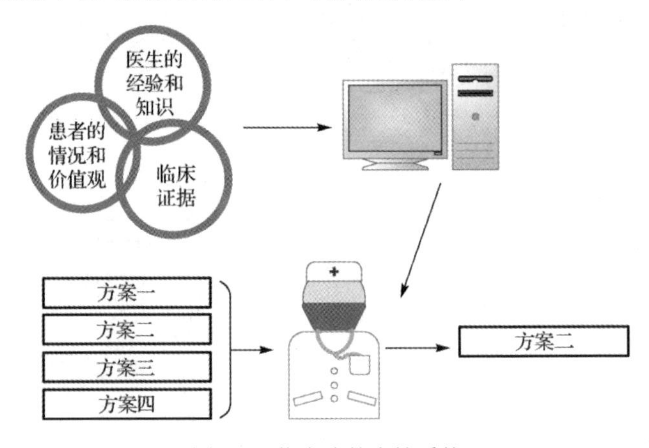

图 8-9　临床决策支持系统

8.3.3　健康评估

健康评估是指医生通过全面、综合分析患者的病历数据和身体指标数据，进而分析、比较、研判各种预防措施的效果，以此挖掘出针对个体患者的最优或较优的治疗措施和方案。健康评估如图 8-10 所示。

比较效果研究指出，即使是同一患者，采用不同的医疗护理方法或就诊于不同的医疗机构，不仅治疗成本存在较大差异，治疗的效果也不尽相同。国外有许多大型医疗机构，如英国的 NICE、德国的 IQWiG、加拿大的普通药品检查机构等，均开启了临床评价相关的项目研究，并且已经获得了一些阶段性成果。目前，健康评估在国内的应用仍然存在一定的困难，如数据兼容问题、用户信息保密问题、不同单位间配合的体制问题等。

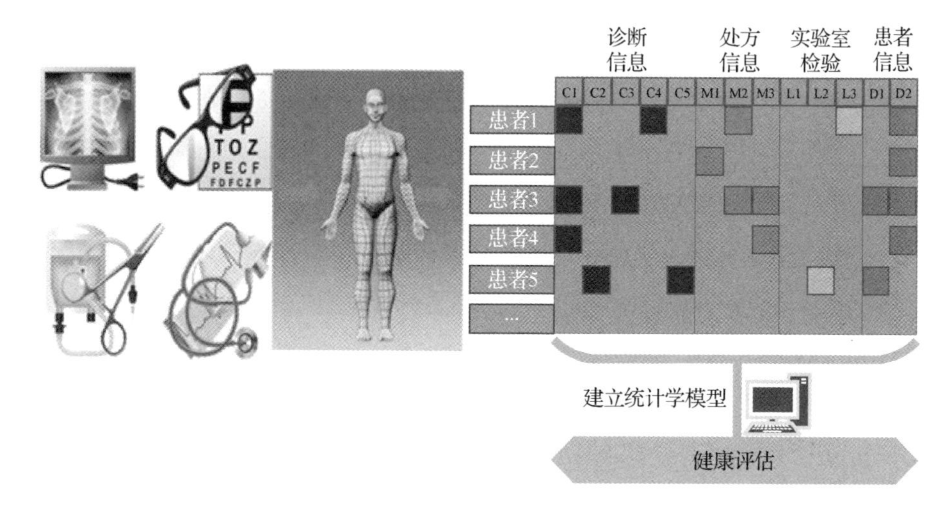

图 8-10　健康评估

8.3.4　健康监测预警

健康监测预警是指通过多种医疗智能设备（如可穿戴设备），实时采集用户的健康数据，如心率、血糖、血氧、血压等，分析各种指标数据的变化，并依据变化趋势对用户的健康情况进行实时监测，从而预测用户存在的健康隐患，对用户发出健康预警。健康监测预警如图 8-11 所示。

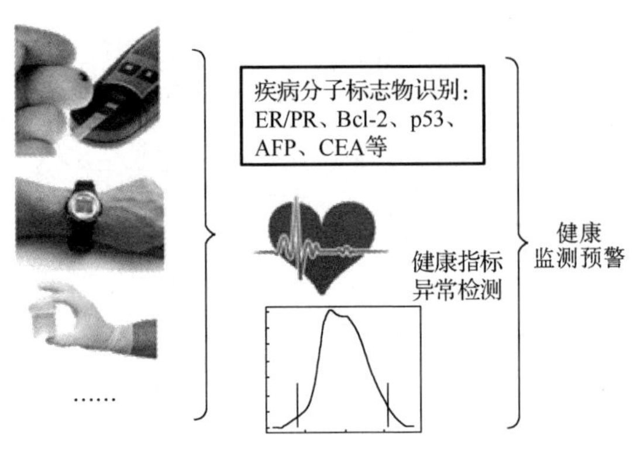

图 8-11 健康监测预警

例如，糖尿病到目前为止还是不可根治的疾病，需要依靠患者对血糖的自我监测来控制病情。血糖测量仪和移动终端的普遍使用，使患者能够更方便地监测血糖的水平，从而及时调整降糖药的用量。动态血糖监测系统的血糖监测与传统的血糖监测不同，它能实时监测患者的血糖，根据监测结果制订有针对性的降糖计划，同时可以实时反馈治疗效果，还可以作为对传统血糖监测手段的有力补充。

8.3.5 疫情防控

2020 年，新冠肺炎疫情蔓延全球，给全球经济和社会健康发展及人类生产生活造成了极大的负面影响。作为命运共同体，全球各国众志成城，共同抗击疫情。由于新冠肺炎传播性强、世界各国人员流动性强，导致疫情涉及的人数极多、地域极广，产生了海量的疫情数据。

针对新冠肺炎的传播和病发特点，在疫情防控中，以大数据技术为基础的辅助筛查、医疗救治、资源调度等发挥了举足轻重的作用。但是，其中每个人的健康数据，也就是小数据的力量也不可忽视。例如，在线发热门诊、入院登记系统、互联网医疗服务系统、疫情风险预警系统等产生的个人数据集，可实现人员轨迹追溯。个人数据汇集在一起就构成了疫情防控大数据，助力疫情防控常态化。

在疫情预防方面，通过对大规模信息源持续进行数据收集，采用大数据算法对海量数据进行动态分析，从而预测部分地区可能集中暴发疫情的时间、疫情严重程度和变化趋势。在疫情控制方面，大数据技术从直接和间接两个方面提供技术支撑。远程会诊、在线问诊、无接触式快检、智能语音助手、疫情动态和预警等是典型的大数据应用的直接体现；提升医疗物资供应效率、物资供求信息精准对接、发展“非接触式”服务模式等则是其间接应用。

大数据在疫情防控中的应用如图 8-12 所示。

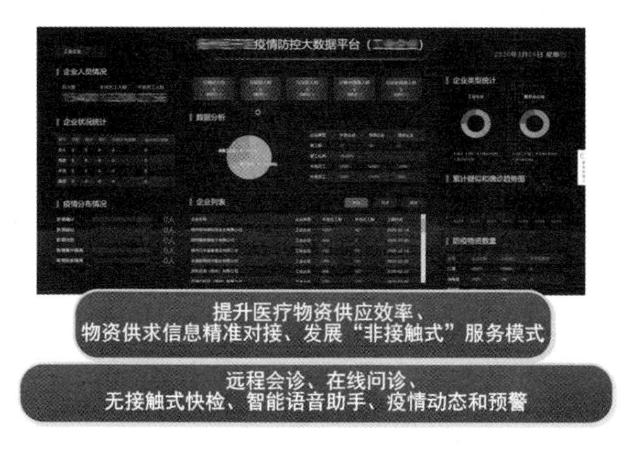

图 8-12　大数据在疫情防控中的应用

在疫情最为危急的时刻，工业和信息化部连续每日向中央和重点地区提供和推送流动人员的态势研判、趋势预测等信息，这些信息均是基于大数据的信息产品。医学影像大数据与人工智能的结合，是目前相对成熟、最具可操作性、推广程度最广的领域，基于医学影像大数据的智能辅助诊疗在新冠肺炎疫情的防治中功不可没。例如，“新冠智能评价系统”“新冠智能辅助筛查系统”等一批实用性系统火速上线，较好地满足了整个疫情期间的诊疗需求。此外，立足于大数据分析技术，企业的复工复产、物资情况等也得到了科学精准的分析研判及预测预警。

新冠肺炎疫情给全世界、全社会带来了沉痛的人员死亡和数以亿计的经济损失，在历史上，很多传染病都是影响人类社会生存和发展的难关。有效利用大数据在疫情防控中的作用是医疗健康大数据发展的重要方向。

8.3.6　个性化治疗

个性化治疗是指通过分析、研判大量数据，从而实施有针对性的、个性化的治疗。例如，基因组数据可被识别为特定药物反应的相关特征，如药物疗效、不良反应、毒性或维持剂量的变异性等。通过基因组数据分析特定个体是否容易发生特定疾病、对特殊药物的敏感度和遗传变异之间的关系，从而将个体的遗传变异因素考虑到治疗中。个性化治疗如图 8-13 所示，在患者出现症状之前，通过数据分析进行有针对性的检测，相同症状的患者根据不同的特征采用不同的治疗手段，能够有效减少治疗费用，提高治疗效率。目前，美国专家已经在某些具体治疗方案中根据患者特质通过减小药量降低了 30%～70%的治疗成本，个性化治疗虽处于起步阶段，但发展前景光明。

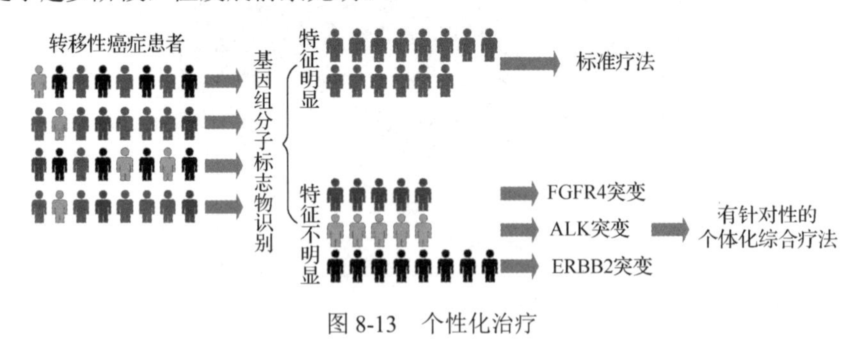

图 8-13　个性化治疗

8.4　医疗健康大数据展望

8.4.1　智能+医疗健康

1．私人御医

当前，大数据和人工智能技术正在推动医疗健康行业朝着一个新方向发展，即个性化治疗。由于目前的用药和治疗都是根据大多数人的统计数据得到的，而医疗工作的重点是确定症状，针对症状的治疗方案通常缺乏个体针对性。近年来，医疗健康大数据快速发展并逐步成熟，除了各类医疗设备数据和人员健康档案数据，可穿戴设备的普及为医疗健康大数据的收集提供了得天独厚的优势，可实现大规模、实时、持续采集医疗数据，从而为进一步的智能分析提供重要支撑。

有了全面的医疗数据（包括患者病史、当前病情、环境因素、临床研究等），结合人工智能方法，现在就有可能精确了解疾病发生的机制，并将每个人的问题与个性化治疗方案相匹配，以达到更好的精准治疗的效果。

未来，每个人都将拥有一个专门的 AI 私人御医，如图 8-14 所示。私人御医可能是一个具有检查、治疗功能的实体机器人，也可能是一款手机 App。根据医疗健康大数据和个人健康体征数据，私人御医将建立个人的“健康基线数据”，以“健康基线数据”为基础，对主人的健康状况进行监测，并实时、精准地给出健康提示或诊疗计划。同时，私人御医可以提供个性化心理辅导，给人以身心关爱，进而全方位地保障人类的健康。

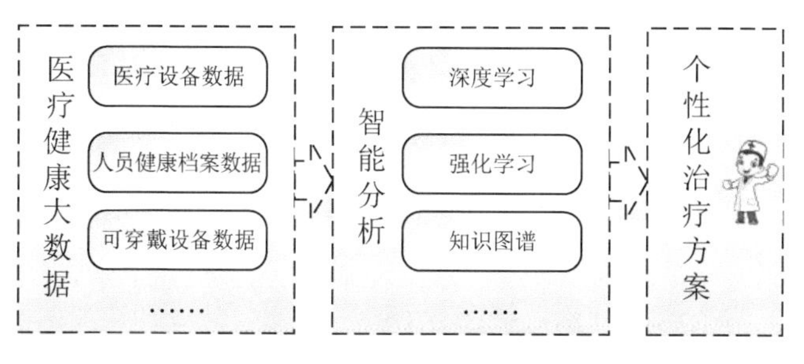

图 8-14　私人御医

2. 金钟罩

免疫系统是人体抵御外来入侵者的最重要的武器，它能发现并清除外来病原微生物和身体坏死病变细胞，是保障身体健康的重要防御系统。然而，人类的免疫系统工作能力十分有限，通过注射疫苗虽然可以显著增强免疫系统对抗特定病毒的能力，但这也属于一种滞后的防疫方法，从新病毒开始流行到最后疫苗上市往往要花费数年时间。免疫系统只能对部分已知病毒进行一定程度的防御，对于很多未知病毒或微生物仍束手无策。例如，对于新冠病毒，大部分人的免疫系统并不能进行有效的抵御和清除。对于人类健康来说，预防胜于治疗，而且越早发现问题越容易解决，所以增强免疫系统的防御能力对于保障健康来说具有防患于未然的效果。

随着人工智能技术和纳米医疗机器人的逐渐成熟与推广应用，电子免疫系统有望帮助人类筑牢身体防线。纳米医疗机器人体积很小，在人体血管内随血液循环和游动，且它只有纳米级别，可以如同普通血细胞一样在血液中存在，经过特殊处理不会对现有血液系统造成损害。在血液中的纳米医疗机器人根据其功能的不同可分为三类：一是负责识别外来入侵者和病变组织的“侦察机器人”；二是负责血液内各种纳米医疗机器人之间信息传递，以及与身体外界的私人御医进行通信的“通信机器人”；三是负责清除外来入侵者的“作战机器人”。三类纳米医疗机器人相互配合，守护人体健康，是人体的“金钟罩”。

8.4.2 区块链在医疗健康中的应用

多年来，制约医疗数据共享的瓶颈在于难以保障数据的安全。而保护医疗数据隐私的难度较大，一直未能找到有效的技术手段来实现医疗数据安全、可控的流转和利用。区块链技术的出现和逐步完善为医疗数据的共享应用带来了新的曙光。区块链技术的关键属性是多方维护、全量备份、分布式记账，正迎合了医疗数据共享对于隐私性和安全性的需求。

区块链技术的三块基石分别是密码学原理、共识机制和分布式存储。因此，区块链具备以下四个典型特点，如图 8-15 所示。

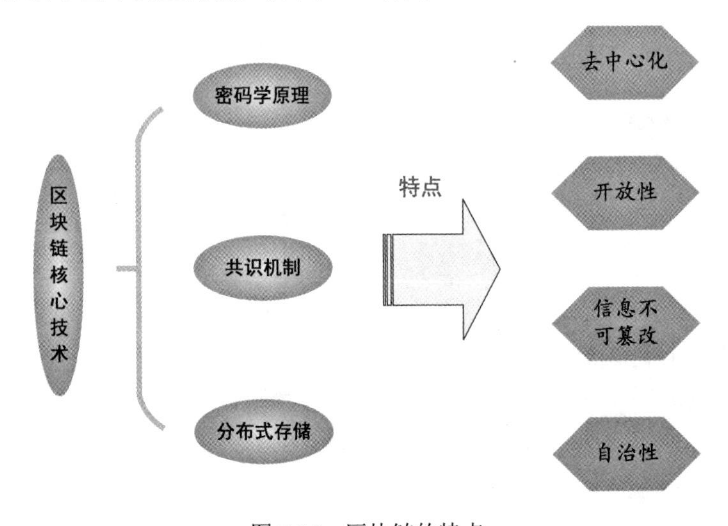

图 8-15　区块链的特点

1. 去中心化

去中心化的分布式存储模式确保了数据的安全可靠。基于区块链技术的数据存取采用的是多节点、分布式多重存取方式。该方式最大的特点是可以摆脱对中心服务器的绝对依赖，使针对中心服务器这个单点的伪造及篡改数据、丢失数据的概率大大降低。概括来讲，区块链去中心化的属性避免了单点失效状况的发生，有效地保障了系统运行的稳定性。

2. 开放性

虽然区块链能够保证数据的安全可靠，但并不意味着它是封闭的，相反它本身具备开放性。在医疗健康领域，从医院、医生到患者，在全流程的诊疗过程中，区块链都可以确保数据的开放。可以设想，未来可以基于区块链构建一个电子病历系统，在这个系统里，患者的基本信息及就医信息都存储在链上，一方面为医生对患者情况的及时、全面掌握提供了便利，另一方面解决了患者转院带来的信息不对称难题。

3．信息不可篡改

区块链依托其独特的加密技术及分布式存储模式，可以确保数据在交互过程中的安全，杜绝数据被意外或恶意篡改。信息技术和制造业的进步使医疗健康领域的各种医疗设备种类繁多，且大多数设备均非单机设备而是联网设备。因此，可以预计在未来，人们的医疗健康大数据将出现井喷式增长，人们对数据隐私保护愈加看重，对数据泄露问题更加敏感。区块链技术可以保证数据的安全可靠，使设备间数据的互联互通及互操作更具隐私性，极大地降低了医疗健康大数据在存储和传输过程中的泄露及篡改风险。

4．自治性

对于服务机构而言，借助区块链技术，可以将患者诊疗全过程的数据，包括医疗记录、花费明细、身体基本状况等存储在链上，实现对相关数据的实时、准确检索和查询，进而可以依据查询结果，降低患者与服务机构间发生纠纷的可能性，为解决医患纠纷提供了新思路。对于患者而言，药品从医药企业出发，经过各级销售商最终到达自己手中，能实现全过程跟踪，使药品安全得到有效保证，无须担心购买到假冒伪劣药品。

区块链技术在医疗健康领域的应用已初见成效：区块链主要支撑医疗各方在数据平台上的数据共享，进而方便数据查询与获取、便于利用数据进行医学影像检索及建模，最终便于医务工作者对患者的诊疗和健康管理等。2017年8月，阿里健康与常州市合作推进“医联体+区块链”试点项目，目的在于探索区块链技术在常州市医联体底层技术架构体系中的应用，促使部分医疗机构间进行有效、安全、可控的数据互操作，尝试以低成本、高安全的技术手段，突破医疗机构间长期存在的“信息孤岛”，解除数据安全困扰。

医疗健康领域的快速发展有赖于两级驱动：一是高新技术本身的推动，二是数据的高效流转与运用。区块链技术在去中心化数据存储、可靠性数据保护等方面优势巨大，因此将区块链技术与医疗健康大数据强强联合，将创造出医疗健康行业未来的无限可能。这具体体现在以下三个方面。

1）数据为王——厚积薄发

数据的高效利用将决定和引领未来医疗健康领域的发展，是医疗健康领域的“航行灯”，与数据相关的存储、计算、传输等方面的解决方案有着广阔的应用前景。

2）区块链——别开生面

区块链技术的无中心分布式存储、非对称加密的天然属性及“区块”和“链”的特有结构较好地迎合了医疗健康行业的需求，尤其是随着两者的逐渐成熟与结合，医疗健康行业将迸发出新的无穷生机。借助区块链技术，医疗数据的共享及隐私保护等得以加强，为解决医疗数据共享不及时、不完全，医疗数据泄露等医疗健康领域的痛点问题提供了全新的思路与解决办法。

3）医疗联盟链——未来可期

无论是区块链的成熟度及应用落地情况，还是政府监管的支持方向，目前来看，联盟链体系是比较具备现实可操作性的一套可行技术解决方案。构建于区块链基础上的医疗联盟链不仅解决了数据共享难题，同时使各医疗机构在政府的监管下实现有序、有效协同，是未来医疗健康大数据在全社会广泛应用的可行方向。

第9章

农业大数据——强本节用

9.1 农业大数据概述

农业是人类的“母亲”产业，农业的发展水平直接影响民生，影响国家的长治久安。农业现代化是国民经济现代化的重要组成和强力支撑，而大数据是达成农业现代化目标的重要途径之一。我国从事农业生产的人口众多，农业大数据来源广泛、涉及信息量大。

农业大数据是指涉及农业生产全过程，在育种、耕地、播种、施肥、灌溉、除虫、收割、存储、加工、买卖等各环节的农业生产生活数据，涵盖环境与资源数据、农业生产数据、农业市场数据和农业管理数据。本章以农业大数据为农业现代化带来的新机遇为切入点展开阐述，为进一步推动农业大数据发展提供决策借鉴。

9.2 农业现代化的新机遇

农业要素具有种类多样、环境复杂、产销分散等特征，为大数据技术在农业领域的运用和实践提供了规模浩大的数据基础。互联网、物联网、人工智能等新一代信息技术的日趋成熟和广泛应用，使农业生产、加工，以及农产品流通、消费的整个过程中产生的数据可以得到很好的采集、存储和推送，使农业大数据的发展获得了坚实的方法手段和现实支撑，为农业现代化带来了新的历史机遇。

9.2.1 大数据为农业发展指明了新方向

大数据为提升农业生产力提供了机遇。在我国，农业从业者规模较大，但劳动生产率并不高。在大数据的驱动下，大量农业从业者可以跳出基础性的劳作，投入高附加值的农业产业中，逐步优化产业结构，以此激发农业的发展潜力。农业在追求产量的同时还可以实现资源的合理分配及生产效率的显著提高，走上可持续集约发展的道路。

大数据为农业多样化发展指明了出路。市场化的日益完善促使人们的购买力不断提升，消费者对高附加值的农产品的需求量也与日俱增，这正是生产高附加值、高利润农产品的绝佳机遇。农业多样化发展成为可能，产业布局将得以完善。

大数据为精准预测提供了手段。借助预测模型与机器学习，大数据为化学药剂用量、灌溉施肥、气候预测、目标产量预测等提供了辅助决策手段，农业生产不再靠天吃饭；帮助农业从业者实时、精准把握生产状态和市场需求，为包括市场精准预测在内的农业生产全生命周期提供了数据资本，实现了资源的有效利用与生产的合理布局。目前，我国各领域都在全力推进供给侧结构性改革，大数据可以作为农业与市场接轨的纽带，为实现农业产业结构调整与优化提供技术手段。

9.2.2 互联网为农业信息铺设了“高速路”

“互联网+”使互联网与农业的联系愈加紧密。对于分布于农业产业链各环节、各时期的大量数据，只有通过网络才能使其更高效地流转和共享。互联网为农业信息铺设了“高速路”，重点体现在以下两个方面。

1. “互联网+”完善了农业大数据采集网络

在信息采集传感器广泛密集部署的基础上，农业生产的各环节将新增大规模数据。在“互联网+”时代，硬件基础设施性能有了质的飞跃，原本桎梏数据传输速率的有线/无线网络带宽大幅提升，使构建播种、施肥、收割等全流程的农业大数据实时、全面采集网络成为可能，建立起了信息顺畅流转的“高速路”。

2. “互联网+”促使建成农业大数据系统平台

“互联网+”为信息资源高效、有序的集成、共享、挖掘提供了基础支撑。要实现对大量异构数据的有效管理，就必须建立基于分布式架构的云存储系统，实现信息资源的集成和共享，在此基础上实施农业大数据的挖掘、处理，为用户提供检索、推送服务。

9.2.3　物联网为农业感知延伸了“触角”

物联网与农业的结合诞生了农业物联网。农业物联网是发展现代化农业的重要支撑手段，能够监测农业领域的各项参数及指标，获得更多、更准确的数据和信息。

借助物联网，农业生产模式发生了质的变化，从传统的以人为本的经验式转变为用数据说话的精准式，实现了省水、节肥和农药用量的减少，实时感知、响应成为可能，农业生产过程的精细化管理程度得到了大幅提高。目前，物联网在智能温控、智能灌溉、病虫害监督预测等方面有较好的应用。例如，新疆生产建设兵团某师的棉花田安装了基于物联网的膜下滴灌智能灌溉系统，将墒情监测、用水调度、灌溉控制进行整合集成，能够实现滴水、施肥的计算机自动控制，每亩节省水肥 10%以上，同时棉花产量提高 10%以上。

物联网与大数据相辅相成，大数据的产生依托于物联网，物联网为大数据的传输和利用提供了渠道。农业物联网带动了农业大数据的发展，为农业感知延伸了“触角”。在可预见的未来，农业物联网将在智能农业监控、农产品标准化生产、农产品质量追溯等方面继续扮演至关重要的角色。

9.2.4　电子商务为农业销售拓展了渠道

以电子商务、线上平台为典型代表的大数据应用飞速发展，农业产业也融入这场变革的洪流中，在调整与优化中催生了更多商机，同时开拓出更精细的市场，为农业销售拓展了渠道。

线上平台丰富了传统的品牌内涵，同时延伸了品牌的外延。电子商务和社交平台催生了一大批“网红”农民，实现了传统线下品牌向线上品牌的转型，地标产品向区域公用品牌演化。农产品线上平台模式从 B2C 发展到 C2B，再到 B2B。线上平台的大宗农产品交易更加标准化，刚需更强，企业客户的信息化基础也得以逐渐完善。

农产品线上平台的发展是大数据技术应用的成功典范，它的成功为农产品销售提供了新的契机，拓展了新的渠道。

9.3 农业大数据的发展

大数据产生和推广应用的一个极为重要的领域就是农业。近年来，农业大数据与农业产业深度融合，并且向深度和广度迅速拓展，逐渐发展成为农业生产的“标尺”、市场的“导航灯”和管理的“指挥棒”，并逐渐成为智慧农业的“神经中枢”。在推进农业大数据向好、向快发展的过程中，可重点围绕农业环境监测、农产品质量追溯、农产品品牌精准营销等方面开展具体工作。

9.3.1 国外农业大数据的发展

国外非常注重大数据研究及应用的精准化、智能化。大数据与精准农业概念中的部分理念不谋而合，某些国家已将其应用于农业生产并获得了理想的经济效益。借助精准化、智能化管控手段，可大幅降低农业生产全过程的水肥、农药等成本的投入，从而提高作业效率和质量。

1. 美国

美国较早开展了大数据在农业农村的创新研究与应用，具有信息收集能力强、采集范围广的基础优势，已经建立起一系列信息容量大、精准程度高的农业大数据共享平台。

作为著名的美国政府公共数据分享网站，Data.gov 网站包含农业、气象、金融、制造和健康等多个领域的数据，农业从业者可根据自身需求自行下载并进行数据研究、应用程序开发及数据可视化设计等。该网站提供了农贸市场地理数据、气象数据、饲料谷物数据、农民市场目录和农药数据项目等众多涉农数据。这些数据在农业从业者或企业的农业投资决策、农业创新和政策策略调整等方面发挥着至关重要的作用。公众通过对数据进行二次甚至三次开发，可最大限度地发挥其价值。

美国农业大数据创新公司遍地开花，以著名的农业大数据公司 Climate Corporation 为例。该公司基于开放共享的国家气象数据，研究与分析其国土范围内的热量分布与降水类型，进而与美国农业部积累 60 年的农作物数据进行比对，以此预测本年度的农作物长势。同时，该公司通过采集与跟踪实时气象数据，向农业从业者销售天气保险产品，为农产品生产保驾护航；利用大数据评估农业从业者的收入，通过库存跟踪、利润预测等手段，使农业从业者的收益最大化。该公司还将各地粮仓对农作物的收购价进行实时公开，并向公众提供农作物在商品交易所的报价，以辅助农业从业者对价格情况进行实时掌握和比对。

美国政府、农业大数据公司通过公共平台对农业大数据进行整合、共享，一方面挖掘了现有数据的潜力，另一方面有利于用户及时、便捷地获取各类数据，为实现农业信息化奠定了牢固的根基。

2. 英国

英国政府极为重视大数据，将大数据发展提升到了国家战略高度，大力推动大数据在农业各领域、各环节的落地，大力开展公共数据共用共享工作，为企业和研究机构提供充足的数据资源。和美国类似，英国政府也建立了官方公开数据的门户网站 Data.gov.uk，提供大量农业相关数据与信息。通过公开这些数据，广大农业从业者、农产品消费者、相关企业都能获得便捷的农业信息接口。

英国农业技术领导委员会致力于将农业生产与大数据等新一代信息技术深度融合，为英国农业信息技术提供模型构建、数据统计和科学服务等。为了使数据的共享效果和利用效率最大化，更加高效、便捷地为农业战略制定者服务，在政府的支持和运作下，该委员会确立了开放共享的数据管理运用准则。其核心职能是不断完善数据科学技术，构建数据建模平台，开发农业产业相关的应用软件。农业从业者不仅可以依据自身特定需求获取、汇聚和整合数据，还能获取数据的分析结论及农业问题解决方案。

3. 德国

近些年，德国在“数字农业”上投入了大量的人力、物力和财力，借助大数据、人工智能和云计算等新一代信息技术，将耕地的土壤状况、降水和温度等实时信息上传到云平台并进行加工处理。接下来，经过处理的数据和信息产品将被发送到自动化与智能化的农业机械上，指导农业机械实施精细化耕作。

此外，德国政府扶持大型企业研发“数字农业”技术。据德国权威部门统计，近些年德国在农业技术领域的累计投入已经迈过了 100 亿欧元大关。在 2018 年年底的汉诺威国际消费电子、信息及通信技术博览会上，德国软件供应商SAP公司推出了一份“数字农业”解决方案，引起了全球关注。该方案以大数据分析技术为核心支撑技术，实现了对多种农业生产数据及信息的实时、可视化展现，包括某块土地上适合种植何种农作物、照射于农作物上的光照强度是否合适、土壤中的水肥分布是否合理。农业从业者可据此因地制宜，进行精细化生产，优化资源配置，最终实现提效增产。

4. 日本

日本的人口老龄化程度高、速度快，直接导致了劳动力短缺。同时，城市化的结果导致年轻劳动力大量流向城市寻求就业机会，致使农业生产活动的后续力量严重匮乏。为突破上述困境，日本政府正通过云端技术与大数据技术推动智慧农业发展，以实现提高农产品品质和生产效率的目标，保障日本农业供给安全。

日本政府多年前就开始关注农业信息化，是农业大数据应用的领先国家。作为日本农业领域的核心组织，日本农业协同组合采集了1800个“综合农业组合”数据，设计了市场空间和价格行情预测系统，为农业从业者提供精确的市场信息、农产品品种及产量数据分析等。农业从业者通过行情预测，可及时调整农产品的种植种类和种植数量，使农业资源得以优化配置，实现收益最大化。

整体来看，日本农业协同组合在日本农业大数据的应用中发挥了巨大的作用，其对农业基础数据的采集、汇聚、分析与预测，为大数据在农业领域的落地生根和加速发展奠定了坚实的基础。

9.3.2 国内农业大数据的发展

与西方国家相比，大数据技术在我国农业领域仍处于探索阶段，当前还面临很多现实问题。我国农村地区的网络环境、传输条件和信息化基础设施仍需完善，农业大数据在采集体系、标准建设、数据交换、人才队伍等方面还有大量工作要做。

1. 国家政策

从近年来的国家政策及农业发展趋势来看，国家和各级政府都将发展农业大数据视为当前农业发展建设的重点工作。

2015年至2017年，国家先后发布《促进大数据发展行动纲要》《农业部关于推进农业农村大数据发展的实施意见》《“十三五”农业科技发展规划》等一系列政策措施。发展农业大数据是建设新农村及“调结构、促增长”的有力抓手。一方面，要借助大数据这个突破口调整农业发展模式和产业结构，整合并构建国家层面的涉农大数据中心和国家农业云，打造农业公共服务平台，建立农业大数据平台、耕地质量大数据平台、农业生态环境大数据库与信息化平台；另一方面，在技术上要鼓励相关科研机构加快研发农业大数据应用涉及的关键技术。

2018年3月，农业农村部成立，并规划在今后几年开展农业多领域全产业链大数据试点建设，致力于为全局农业大数据建设发展及现实应用摸索经验、铺就道路，为构建特色农产品优势区注入新的血液。

2019年“两会”期间，有代表提出要建立全国范围的农业大数据平台，助力实现智慧农业，大数据将在智慧农业构建中发挥基础性、全局性、关键性作用。

2020年，中央网信办、农业农村部、国家发展和改革委员会、工业和信息化部联合印发《关于印发〈2020年数字乡村发展工作要点〉的通知》，明确提出要加快构建以知识更新、技术创新、数据驱动为一体的乡村经济发展政策体系，加快以信息化推进农业农村现代化。其中重要的一点是，基于生产过程的海量数据，充分利用大数据技术和人工智能技术，对数据进行加工整理，形成专家知识库，产生最优化决策，保障农业生产全过程决策数据化、智能化。

剖析农业大数据需求，纵览全球农业大数据发展历程，核心是要建立综合性的数据服务平台，以农业种养、农作物流通、农产品消费流程的动态数据为基本依据，挖掘、分析有价值的信息，进而采取合理举措调控农业生产活动，为农业的高效有序发展提供基础性数据支撑和引领性决策支持。

2. 发展方向

目前，我国在农业大数据建设上取得了阶段性的显著成绩，但仍需在一些方面进一步完善，主要包括以下几个方面。

1）加强整体大数据资源规划

农业大数据资源涉及面广、包含因素多、涉及生产流通的环节多、整体规划难度大。一方面，与农业生产相关的数据要素繁多，各要素数据结构差异大，数据间关联度不高，个别资源信息资料存在空白领域；另一方面，数据资源的采集、处理、传输和运用的各环节缺乏统一标准，造成整体效率降低。作为农业信息化的基础，数据资源质量直接影响着后续挖掘、分析、治理等工作的开展。因此，大数据资源规划的顶层设计至关重要。

2）强化农业大数据治理

共用共享是大数据的核心理念之一，但我国目前还存在少量建设标准各异的地方农业农村数据库，数据整合难度大，一定程度上形成了同一机构内部数据库紧耦合、不同机构之间数据库烟囱林立的格局。相信未来数据分而治之的问题终将得到有效解决，数据挖掘与分析的价值将进一步提升。

3）丰富农业大数据来源

目前，不管是中央还是地方，农业大数据建设工作如火如荼，现有的农业大数据采集渠道已经较为深入，但一些偏远地区的末端数据仍无法得到有效采集。在部分欠发达地区，数据量不足、覆盖面不广等问题仍不同程度地存在。要想解决这些问题，一方面要在农业欠发达地区加大对建设基础数据采集设施的投入，另一方面要进一步调动农业从业者参与数据采集的积极性和主动性，切实利用好数据采集系统。

4）提升农业大数据资源利用率

目前，在农业大数据发展过程中采集到的数据类型多样，除传统的结构化数据外，音视频、图像、文档等非结构化数据的比例不断提高。面对这些格式不一、标准不同的异构数据，现有的分析处理技术还存在进一步加强的空间，因此可引入强化学习等人工智能技术，使数据隐藏的价值得以更彻底的挖掘。

3. 面临挑战

在未来农业大数据建设过程中，有几个方面的挑战需要重点关注。

1）农业生产方面

与其他传统产业不同，自然因素对农业发展的影响很大。作为农业大数据发展中的变量，必须给予其足够的关注和处理。

土地是农业的基础，是农业劳动的载体，对于农业生产极为重要，为农作物生长提供必需的水分和养料等资源。土地的数量和质量对农业生产影响显著，不同的地形、土壤，灾害性天气（干旱、暴雨、寒潮、大风等）都会对农业生产造成影响。与其他产业相比，农业生产活动的周期性、季节性凸显，因此在生产经营决策中，必须及时、准确地掌握相关辅助信息，一旦做出错误决策，就会打乱整个农业生产周期，造成不可逆转的损失。

2）人才资源方面

各行各业的发展，人才是根本。农业大数据的发展同样需要大批掌握前沿和关键技术的农业人才。只有紧密结合农业大数据的特点，才能科学高效地开展农业大数据网络和信息管理工作。

更多有技术、懂农业的人才加入是农业大数据持续高效发展的前提。历史上，我国农业农村发展的基础差、底子薄，导致不少青年不愿投身农业科技开发，既懂数据挖掘与分析技术，又了解农业相关知识的复合型人才少之又少。因此，如何提升农村的吸引力，让年轻的科技工作者安心、尽心地投入农业大数据发展建设的末端，是各级政府和农业相关部门应重点关注和着力解决的问题。

3）网络基础设施方面

网络基础设施是确保农业大数据产生、流转、处理的基本硬件前提。农业对数据实时性的要求很高，借助高速畅通的网络环境，大量第一手的农业大数据在第一时间得以汇总和处理，为筛选信息、分析预测提供了宝贵的时间，进而可以提高农业大数据辅助决策的能力。

目前，相比大部分城市地区，我国农村尤其是偏远地区的网络基础设施资源较欠缺。这些地区地貌条件复杂、人口分散、经济落后、消费能力偏低，导致网络基础设施建设和运维成本高昂。此状况在很大程度上桎梏和约束了农业大数据的快速、高效发展。下一步可借助国家农业农村“新基建”的良机，加快推进偏远地区农村网络基础设施建设。

4. 对策建议

农业大数据横跨周期长、涵盖领域广，必须统筹各部门协调联动，衔接好农业生产各环节，运用大数据技术采集、处理、挖掘、分析农业大数据，服务于农业现代化发展。因此，我国可以借鉴国外尤其是农业发达国家的农业大数据建设成功经验，取长补短，并与我国实际相结合，从以下几个层面切入。

1）战略层面，建议以农业大数据为助推乡村振兴的抓手

要掌握数据“从哪来、谁来用、怎么管”这个准则，依靠数据来决策、评价、考核乡村振兴策略的科学性、合理性；乘着乡村振兴策略推进的东风，充分利用大数据进行风险防控、市场动态预测、生态治理环境评价。

2）技术层面，建议在边、远、小、散的农村地区部署泛在网络

要加大资金投入，花大力气开展农村，尤其是边、远、小、散地区的网络基础设施建设，扩大网络覆盖面；充分发挥技术优势，借助国家大力发展 5G 的东风，大力开展 5G 等新一代移动通信建设，尽可能消除网络传输瓶颈。另外，电信服务商要提升网络通信的服务效率、丰富服务手段，根据农村实际情况降低资费，确保农民接得起网、用得起网，为后续农业大数据的发展奠定物质和设施基础。

3）应用层面，建议依托农业大数据平台挖掘数据价值

现有的农业存量数据资源为进一步发展大数据奠定了良好的基础，通过加强研究大数据关键技术及其在农业各领域的典型应用，激发存量、汇聚增量，为各类农业创新性、前沿性服务提供强有力的支撑。

大数据技术的快速发展和深入应用为我国农业产业创新带来了新机遇。在相关政策的指引下，农业生产各环节从业者学数据、用数据的积极性正在被大大激发，系统、综合运用各种数据资源和先进技术推动农业现代化已然成为中央和地方农业部门的普遍共识。在可预见的未来，以我国广阔的农业产业为沃土，进一步深化大数据技术的广泛推广和深入运用，勇于探索，万众创新，必将持续助推我国实现从农业大国到农业强国的成功转型。

9.4 农业大数据的应用

9.4.1 共享休闲农业

将大数据与共享经济融合，诞生了“共享休闲农业”。共享休闲农业的本质是将农村闲置资源加以充分利用，为消费者提供休闲农业（耕种、施肥、收割等一系列农事活动）体验。在共享休闲农业中，大数据的作用得到了有效发挥，通过深度挖掘游客的旅游线路和消费偏好，可助力农民为发展乡村旅游进行选址，

为农民开发有针对性的休闲旅游产品提供科学支持。

作为共享休闲农业的典型代表，共享农庄近年来方兴未艾。共享农庄是指保持农民对于房屋和土地的所有权不变，农民把自己的闲置住房和庭院进行个性化装修，并根据具体需求满足城市消费者的田园居住、休闲养生等多样化需求，在此基础上借助互联网技术，与城市租赁平台无缝对接的一种新型旅游模式。在共享农庄模式下，政府、集体经济组织、农民及城市消费者多方均可从中受益。

共享农庄也为解决农产品滞销和价格波动问题提供了途径，同时美丽乡村建设、乡村旅游可持续化等困扰政府的难题也由此有了解决之道。分析共享农庄的成功模式不难发现，它基于大数据平台整合、交易农村资源，实现了农村闲置资源、共享休闲农业、乡村旅游消费需求三者间的最优配置，将传统交易隐含的"不确定的流动性"转化为新模式下"稳定有序的连接"。可以预见，未来"大数据+共享经济+休闲农业"的创新性发展模式，将开启共享休闲农业的新天地。

9.4.2　农产品质量追溯

农产品质量是衡量农业生产水平的重要参数之一。以往对农产品质量的监控往往不够全面，信息也相对滞后，很难实时反映农业生产过程中存在的质量安全问题，影响了管控效能的发挥。依托农业大数据平台，公开共享农产品质量信息，有助于建立公平竞争和公开监督的环境，从而提高农产品质量追溯和安全水平。

在质量追溯中，大数据可分为基础数据、质量管控数据、生产履历数据、追溯标签数据、终端查询数据。基础数据包括生产企业基本情况介绍、基地地块信息、人员信息、产品信息等；质量管控数据包括生产企业的农产品质量安全责任状和承诺书、内部质量控制人员信息、投入品进出库信息、生产过程中农兽药使用信息、农产品上市时间及上市前自检信息等；生产履历数据主要是农事操作信息，涵盖农产品生产记录所包括的所有信息；追溯标签数据包括产地证明信息（入市追溯凭证）和追溯码信息（二维码），其中追溯二维码的目的是让消费者通过扫描二维码了解农产品生产过程，包括对外公开的企业基础信息、生产履历信息、企业内部质量管控信息、相关监管检查信息、产销信息；终端查询数据支持消费查询终端与电子商务平台对接，鼓励消费者通过终端下单购买农产品，加强农产品产销对接，形成农产品质量追溯激励机制。

在农产品质量追溯中，应以大数据为纽带，以大数据平台为载体，将监管、监测、追溯、执法各模块系统性地串联在一起，统一各模块数据格式及标准，打破“信息烟囱”和“信息孤岛”，实现各模块间数据的互联互通和互操作，支持各类数据的采集、录入、监管、监测，实现移动监管、智慧监管。此外，随着区块链技术的逐渐成熟及其在部分领域的推广应用，下一步应研究“区块链+农产品溯源”模式，为农产品质量追溯提供新的技术手段和解决途径。区块链使数据难以篡改，相互背书，从而解决信任危机；可以逆向追溯数据，每个环节的数据都可以确认，举证和追责简单明了；可以开放数据，打破“信息孤岛”，使各参与方将数据上链；可以自动执行智能合约，大大降低人为失误和违规恶意操作的风险，提升效率，降低多方协同合作的成本，包括运营成本，资产、资金的信任成本。

9.4.3 农业环境监测

深度挖掘与农作物生长息息相关的大气、湿度、温度、土壤等数据，可使数据背后潜在的价值得以展现，从而使农业环境监测水平和效率得到大幅提升。

农业环境灾害的发生，多与光、水、风等气象因子变化相关。因此，为了避免农业环境灾害的频繁发生，必须采集土壤湿度/温度、光照度、风速、风向及降水量等农业环境数据，通过大数据科学辅助决策，达到既节省资源、降低成本，又避免过度灌溉对农作物生长造成负面影响的目的。大数据技术与农业环境监测如图9-1所示。

图9-1 大数据技术与农业环境监测

运用深度学习等智能挖掘与分析技术，对农作物生产期间的大规模数据进行建模分析，可大幅提高环境预测的准确性，进而提升农业生产效率。

9.4.4　农作物病虫害防治

作为我国主要的农业灾害之一，农作物病虫害种类繁多、暴发频繁、影响范围广、危害程度高，给农业生产和农村经济造成了重大损失，是农业生产领域一直以来的世界难题。探索大数据技术在农作物病虫害监测预警上的应用，可以为农作物病虫害防治提供重要的技术手段和决策依据。

基于大数据理念的农作物病虫害监测预警，按照时间先后大体可分为数据采集传输、分析预测和预报发布三大环节。监测预警的数据输入有两类：一是经由现实环境采集的“新鲜”数据，二是有价值的历史数据。在数据获取的基础上，进一步结合快速高效的数据传输技术，可将病虫害监测数据及农田定点监测气象数据实时、可靠、完整地提供给分布式或远程数据管理系统；数据管理系统对数据进行预处理后输出，作为专家系统的输入，以驱动专家系统进行推理，推理结果直接服务于病虫害预警；最后经由专门的预报信息发布系统发布病虫害预警信息，该类信息由于经过检验因此具备较高的可信度。

通过采集气候、菌源等与病虫害相关的数据，并进行综合分析，预测病虫害暴发时间和区域的准确率，可缩短防护工作时间，挽回病虫害损失。

除此之外，农业大数据还在育种、农作物栽培、农产品流通等领域有广阔的应用前景。借助大数据技术，科学家可成功检测出农作物种子的大量基因序列和基因型，进而借助深度学习等人工智能技术，大幅提高农作物优良性状的识别速率，使农业育种水平得到跨越式的提升。在农作物栽培方面，通过监控农作物生长过程中环境参数的变化，可实时感知农作物生长状况，动态调控浇水、施肥等操作，为农作物栽培精准化提供依据。基于大数据的农产品流通体系可为农业从业者预判农产品需求、分析农产品价格走势及价格变动等提供新途径。

9.4.5　农产品品牌精准营销

随着社会的发展、人们生活水平的提高和移动电子商务的普及，普通消费者对农产品的消费需求呈现多样化、个性化的特征。尤其随着“自然、绿色、健康”

消费理念的深入贯彻，农产品消费市场爆发出前所未有的消费潜力，迫切需要建立品牌创新营销模式，促进其市场发展。因此，在这样的大背景下，“基于大数据的农产品品牌精准营销”模式应运而生。其通过对消费者消费数据的采集、整合、汇聚与深度挖掘，实现对农产品品牌的精准营销，能够精确地预测客户需求、锁定目标客户，为其提供个性化、定制化的产品和服务，从而提高农产品的市场占有率和渗透率。

1. 原始数据采集

实施“基于大数据的农产品品牌精准营销”模式，最基础的便是确保消费者数据和农产品品牌数据采集的全面性、及时性与精准性。这些数据主要来源于三个渠道：一是消费者的基本信息，主要从电子商务网站注册页面中抓取；二是消费者的页面浏览行为记录，如商品点击率、页面停留时间、购物车和购买记录，用于了解其消费偏好；三是基于位置的服务（Location Based Service，LBS）获取的消费者位置信息。运用数据挖掘技术能够从这些数据中获取市场需求信息并预测市场发展趋势。

2. 数据分析与建模

借助 MapReduce 等经典的数据挖掘与分析技术，依托大数据分析处理平台，实现对消费者、消费市场相关的实时或近实时的原始一手数据进行一般性的统计分析和主体数据深度挖掘，掌握消费者的消费规律、特征和偏好等，并据此建立消费特征模型、消费者偏好模型和特定农产品品牌需求模型，从而精准地了解消费者的偏好，预测消费者的需求，进行更加智能化的决策。

3. 精准营销实施

基于需求分析模型构建对应的智能决策系统，对农产品进行品牌精细化分类、品牌针对性优化设计、广告精准化推送投放等，做到产品的设计和服务与对应的客户信息精准匹配，从而实现精准营销。

4. 效果评估

效果评估是精准营销的最后关键环节，用来了解市场营销活动是否达到预期的效果、有无改进之处及如何指导下一步的营销活动。评估指标包括目标客户数、接触客户数、响应客户数、有效接触率、营销成功率、营销实时性、平均利润率和客户满意度等。

9.4.6　农村产权交易对象征信

基于区块链的土地征信大数据平台，涉及参与其中的各级各类主体（如农业行政主管部门、土地承包经营权确权服务企业、信用社、农户等），上述主体映射到区块链中即为节点。各参与主体把因土地流转催生的权属、转移关系数据实时准确地存储到对应的节点中，使平台各方可以对平台信息进行共建和共享。

1．土地确权登记

利用大数据可以构建农村土地价值量化和评估模型，同时利用区块链可以实行土地产权（包括所有权、使用权等）登记。该手段可有效杜绝集中控制、篡改纸质或电子档案等恶意欺诈行为。

2．土地产权交易

利用区块链可以实现对土地使用权交易过程的记录和溯源，对土地使用权进行权威认证，支撑土地产权的可追溯及高可信度交易。

3．数据安全及监管

基于对区块链的合理有效运用，针对土地流转过程的各环节，各参与主体（节点）对存储在该节点中的数据实施管理，并允许土地监管机构、农业企业等各参与主体利用已确认生效的链上合约，通过身份验证、数字签名等手段大幅缩短产权交易周期、提升土地流转效率。在此过程中还可兼顾土地经营主体的安全隐私与信息的公开透明这一对立统一的矛盾，在此前提下，包括交易当事双方在内的相关各方均能够轻松高效地追溯交易进度及交易过程细节。

4．土地金融服务

利用区块链可以向银行申请土地使用权抵押贷款，通过查询验证土地流转可信数据，追溯贷款业务全流程。在抵押贷款中，区块链的介入使信贷机构的执行更加高效，同时最大化地压缩信贷审查成本。

此外，另一个典型的区块链在土地金融服务中的应用是构建全流程的区块链账务管理系统。该系统整合了相关主体的基本信息及经营交易记录等，并立足于风险控制分析模型实现信用管理、融资服务、存贷管理等。该系统同样借助区块链实现土地金融服务的整个过程可追溯、无法篡改。

9.5 粮食大数据

粮食安全是国家安全的重要组成部分，在农业大数据中，粮食大数据占据重要地位。大数据技术为粮食行业的全面升级注入了新的动力。如何借助大数据发展契机，加快提高传统粮食行业的信息化水平，确保其健康有序发展，是现阶段我国粮食行业发展面临的重要课题。

9.5.1 大数据对粮食行业的影响

借助不断突破的软硬件设备和技术及广泛覆盖的信息网络终端，粮食的生产、流通、监管将在大数据的驱动下发生前所未有的变化。

1. 粮食生产领域

大数据与粮食行业的深度融合，有助于实时掌握和综合分析与粮食生产相关的多项数据，包括各地区的供需数据、价格数据、粮食储备数据等，从而使各级相关部门能够及时、准确地把握市场需求，为合理优化粮食种植结构提供判断依据，减少因粮食种植结构不合理造成的粮食紧缺情况和价格大幅波动情况，保障农民获得应有的经济收益。通过对粮食大数据的深入挖掘，还能把控市场对粮食产品的多元化、个性化需求，抓住供给侧结构性改革的契机，在保证粮食产品安全的前提下，进一步开发中高端粮食产品，丰富粮食产品种类，提高粮食产品附加值，提高其市场竞争力。

2. 粮食流通领域

大数据与粮食行业的深度融合，有助于提高粮食产品物流仓储的信息化水平，确保粮食收储、存放、集散等环节科学高效运转。借助物联网和大数据技术发展可建设现代化粮食仓储物联网系统，全面推进粮食仓库智能化升级改造。国家出台相关政策，鼓励现有粮食经营企业和个人积极探索新型粮食经营业态，充分利用便捷的物流配送和电子商务资源，为粮食产品的市场流通保持良性发展提供了新思路、新方法。

3. 粮食监管领域

大数据与粮食行业的深度融合在粮食管理、粮情监测预警、粮食质量监管等方面都将发挥重要作用。通过实时采集粮食数据，粮食管理部门能在第一时间发现粮食生产过程中出现的问题，为及时响应突发情况提供宝贵时间；能加强对粮食行业各环节的全程监管，确保粮食质量，杜绝未能达到食品安全标准的粮食流入市场。另外，粮食管理部门可以借助大数据信息服务平台，及时公开各类粮食储量、价格和需求等信息，充分发挥市场在资源配置中的基础作用。

9.5.2　粮食大数据的国内外现状

1. 国外现状

目前，各国都逐渐认识到大数据技术在粮食行业发展中的重要作用，相继出台配套政策，加快提升粮食行业信息化水平，通过技术创新手段驱动农业的转型升级。

英国制定了“粮食技术战略”，提出将大数据等信息技术应用于粮食生产的各环节，实现向“精准农业”迈进；基于传感和空间地理技术，实时采集粮食生产各环节的数据，为精准科学地开展种植和养殖生产奠定基础。

美国政府将政府投入与资本市场运营相结合，大力扶持大数据企业投身到粮食行业信息化发展建设中；积极探索大数据技术在粮食生产领域的应用价值，通过基础网络建设和粮食行业信息资源开放共享等方式，从多个维度进行粮食大数据发展建设，构建国家级粮食大数据中心，有力提升粮食行业整体信息化水平。

德国将“数字农业”作为现阶段粮食行业发展建设的重要推手，基于大数据和云计算技术，实时采集天气、土壤、降水、温度、地理位置等与粮食生产密切相关的数据，通过云端处理，将分析结果作为开展精细化生产的依据，不仅提高了粮食生产效率，还可以降低生产成本。

2. 国内现状

在粮食大数据建设方面，粮食物资管理平台建设工作已在国家层面启动。30个省级管理平台正在有序建设，山东、江苏、安徽、河南等省份的平台已基本建成并投入使用。其中，江苏在全国率先打造了智能粮库与云平台，为粮食大数据下一步的挖掘、分析和应用提供了有力借鉴和支撑。

另外，大数据在粮食安全方面得到了有效利用。借助于大数据，国家保障粮食安全的手段不再是基于历史数据进行事后调控，而是以粮食安全的各方面要素为中心全面采集粮食安全相关数据，对数据间的相关关系进行分析，研判事物发展之间的内在逻辑，从而对粮食安全走势做出精确预测，进而做出实时、精准的调控，全方位、多领域、多层次保障国家粮食安全。

2020 年，政府相关部门指出，要加快大数据、区块链等现代信息技术在农业领域的应用。下一步，国家和地方政府在粮食生产管理系统、粮食交通物流系统、粮食储备调控系统、粮食安全监测预警系统等方面的研究与建设将投入更多资金，相关数据的采集、系统的建设、组织层面的对接协调将持续稳步推进。

9.5.3 粮食大数据的发展趋势

1. 应用领域

1）监测预警

大数据驱动模式下的粮食安全能够全面、及时、准确地找到警源，进而发布预警信息。在专家知识、粮情灾害防治理论及相关资料的基础上，结合粮食大数据资源池，采用多源异构数据挖掘与分析技术，可综合处理粮情数据，提取粮情预警知识规则并建立知识库，构建粮情风险预警模型，实现对粮情变化趋势的预测，以及对不正常粮情的准确定位。

2）欺诈检测

粮库欺诈行为涉及诸多方面，总体表现为在粮食数量和质量方面弄虚作假。因此，反欺诈对象范围可初步确定为人为因素所致的粮食数量和质量异常，数据范围则是与此相关的粮库人员的参与行为所产生的痕迹信息，主要研究粮食“清仓查库”反欺诈的关键技术，包括针对欺诈行为的数据挖掘和自动知识获取方法、特征定义的选择、建立特征分类模型的算法、数据与特征模型的匹配算法等。

3）质价分析

基于影响粮食价格的相关因素建立多变量线性回归模型，获取计量模型的权重参数，从而确定诸多影响粮食价格的重要因素。在此基础上，综合运用主成分分析法和极限学习机法建立粮食价格预测模型，预测价格走势，同时在尽量保持预测准确性的基础上，优化预测结果以提升算法性能，进一步细分粮食价格，达到对粮库粮食质价分析的目的。粮库可据此对即将入库的粮食进行质价分析，预算企业盈亏。

4）舆情预警

整合和利用互联网上的粮食舆情资源，掌握互联网上粮食舆情的内容和特点，研究多视角分析、短文本语义计算、复杂网络分析和传播计算、大数据存储与融合计算、舆情可视化展现等关键技术，从有关粮食安全的互联网舆情资源中抽取有用知识，从而有效地应用粮食舆情系统，是政府和企业进行管理决策，应对、防范粮食不安全事件发生的必要任务。

2. 发展重点

1）数据采集

粮食大数据的采集涉及统计信息技术和采集人员素质两个方面的问题。在统计信息技术方面，现有的信息技术还不能满足对粮食大数据在更广范围、更深层次上的采集；在采集人员素质方面，农民是未来粮食大数据采集和上传的主体，但基于我国小农经营的生产模式使粮食生产分散，各类粮食企业规模较小、力量薄弱，农民科学文化水平低、信息素质落后等因素，粮食行业的数据采集工作困难重重。虽然物联网、传感器等信息技术得到了广泛普及，但是对于基层农民和企业来说，使用这些信息技术来采集数据还具有很大的困难。

2）数据整合

一方面，我国粮食大数据采集工作分布在农业部门、粮食部门、统计部门、商务部门等，各个部门的数据采集工作相对独立，缺乏统一标准，数据有大量冗余，难以整合和共享，导致数据利用率低；另一方面，粮食大数据具有非结构化、非关系型和非交易型的特点，难以构建成统一的查询系统。因此，分布式计算和并行数据库融合将成为解决粮食大数据各种技术问题的关键点。

3）数据分析

数据分析是大数据技术运用的关键所在。在大数据时代，数据量庞大、鱼龙混杂，传统的数据处理方式已经无法适应。粮食大数据分散在不同的部门和地区，如何把收集的信息数据化，如何对海量数据进行分类整理，如何处理非结构化数据，运用何种算法和模型对数据之间的相互关系进行分析、挖掘数据价值，这些都是大数据时代对传统信息技术提出的挑战。

4）信息安全

大数据运用是一把双刃剑。大数据除了可以促进粮食行业的发展，还将促使粮食行业面临信息安全问题。如果没有合理、规范地管理数据，将面临非常严重的数据危机。一方面，数据可能被不法分子获取或恶意利用，而且对冲基金和投机资本家可能根据产量信息对粮食贸易进行投机；另一方面，若某些国家把大数据视为对外战略，则可能通过释放大量的错误数据扰乱我国对粮食大数据的理解和运用，导致预测偏离正确的方向，做出错误的决策。

3. 技术解决方案

1）粮食采集感知技术

（1）粮食品质微波检测技术：基于谐振超材料的场增强效应，利用微波波谱技术开展粮食品质的快速、无损、精准检测。

（2）粮食物联网数据感知技术：针对典型的粮食生产与流通环境开发相应的传感器支持平台及其部署方案，能够支持传感节点长期稳定运行。

（3）粮食互联网数据 Web 爬取技术：研究基于 Scrapy 的大规模分布式爬虫集群，用于互联网平台的粮食大数据采集。

（4）粮食数量、质量的高并发数据采集技术：设计基于面向服务的体系架构（Service-Oriented Architecture，SOA）模型的数据服务与应用相分离的三级网络架构（库点—省级平台—国家级平台）。

2）粮食大数据存储模型与技术

（1）粮食大数据预处理技术：研究 ETL 技术，实现粮食大数据空值处理、规范化数据格式、数据拆分、数据正确性验证、数据替换、主外键约束等数据转化。

（2）关系数据模型的可扩展性分析：研究关系数据模型对分布式存储的扩展、

关系数据模型对非结构化数据的扩展及扩展后的关系数据模型的索引结构设计。

（3）图数据模型及索引结构设计：研究高扩展性图数据模型设计及索引结构优化，支持复杂查询的图数据索引结构设计及若干分析任务的图数据索引结构设计。

3）粮食大数据分析理论与技术

（1）分布式存储和计算框架的选择与融合：研究面向数据挖掘的分布式存储和计算框架，旨在根据数据特征及算法需求对已有的开源中间件进行选择，并将其无缝融合成统一的存储和计算框架，如图 9-2 所示。

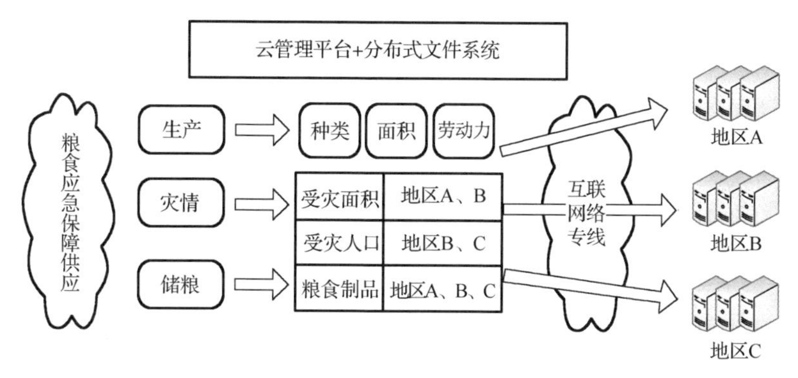

图 9-2　分布式存储和计算框架

（2）粮食轨迹数据挖掘算法与模型：研究粮食轨迹数据噪声过滤算法，并考虑轨迹的结构特征，研究高效的轨迹压缩算法。

（3）粮情监测预警和智能分析决策大数据技术：研究海量异构数据的统一开放服务技术，实现以数据共享为基础的协同联动管理；研究面向粮情监测预警的时序模式数据挖掘算法，提高粮情监测预警的准确性与实时性；研究面向智能分析决策应用的半监督学习分类算法，为粮食收储数量和质量可追溯、“清仓查库”反欺诈等应用服务提供云计算技术支撑；研究基于 Spark 内存计算技术的大数据计算框架，为实现粮情监测预警与智能分析决策提供大数据分析处理与云计算框架支持。

（4）基于深度学习的粮库三维模型综合算法：研究粮库三维模型特征及分布规律，基于深度学习技术，实现对纹理、几何模型、区域分布特征的自动提取及分类，有针对性地提出不同分类特征条件下模型综合的规则与约束，实现基于纹理表征、几何描述及合并/典型化的模型综合算法，以及基于视觉相似度检验所设计的综合算法。

第 10 章

大数据产业——风生水起

在大数据时代，各行业已不再停留在“用数据说话”的层面，而是尝试“用数据管理、决策和创新”，发挥数据的基础资源作用和创新引擎作用，加快形成以创新为主要引领和支撑的新产业。

10.1 大数据产业概述

大数据产业现已渗透到社会经济体系的方方面面，与传统行业相互交融、渗透，农业、工业、服务业等传统行业在引入大数据后发生了翻天覆地的变化，出现了智慧农业、“工业 4.0”等一批新产业。

10.1.1 产业现状

全球大数据产业的发展阶段可以分为探索起步期、快速推进期、规模发展期、产业消化期和应用成熟期，如图 10-1 所示。在探索起步期，大数据产业在我国逐步受到关注，典型的大数据产品和服务相继上线，互联网企业率先将大数据应用落地。发展到快速推进期时，各国密切关注大数据产业的发展趋势，逐渐出台一系列法律、政策促进产业良性发展。借助政府部门的政策支撑，大数据产业迅速过渡到规模发展期。在这个阶段，大数据概念广泛普及，大数据企业的用户数量急剧增加，资本市场高度关注，大数据企业得到规模化发展。大数据产业在经过一段时间的快速发展后，进入产业消化期，此时的大数据市场相对成熟，市场热度逐渐降低，开始大规模洗牌，部分技术不成熟、发展规模较小的大数据企业被逐步淘汰。大数据产业最终进入应用成熟期，各类行业标准相继建立，行业监管规范，各细分领域发展稳定。

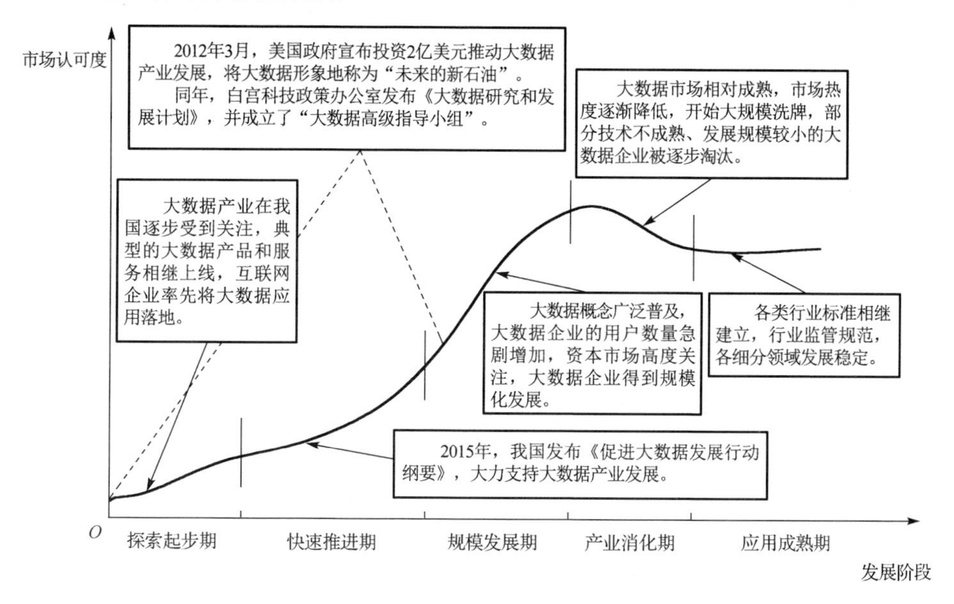

图 10-1　全球大数据产业的发展阶段

基于特殊的国情，我国大数据产业的发展阶段可以分为探索期、市场启动期、高速发展期和应用成熟期，如图 10-2 所示。2009—2011 年，我国大数据产业进入探索期，大数据产业在我国逐步受到关注，典型的大数据产品和服务相继上线，互联网企业率先将大数据应用落地；大数据概念普及，资本市场不断关注，具有数据资产的企业谋求转型。2012—2013 年，我国大数据产业进入市场启动期，市场化产品的同质化程度加深，各种数据分析厂商借机登场；大数据市场陆续出现新商业模式，细分市场涌现。2014 年至今，我国大数据产业进入高速发展期，多种商业模式得到市场认证，新产品和服务具有稳定的需求，细分市场走向差异化竞争。在可预见的未来，我国大数据产业将逐渐发展到应用成熟期，此时需要建立完善的行业标准，促进大数据产业持续、快速、稳定发展。

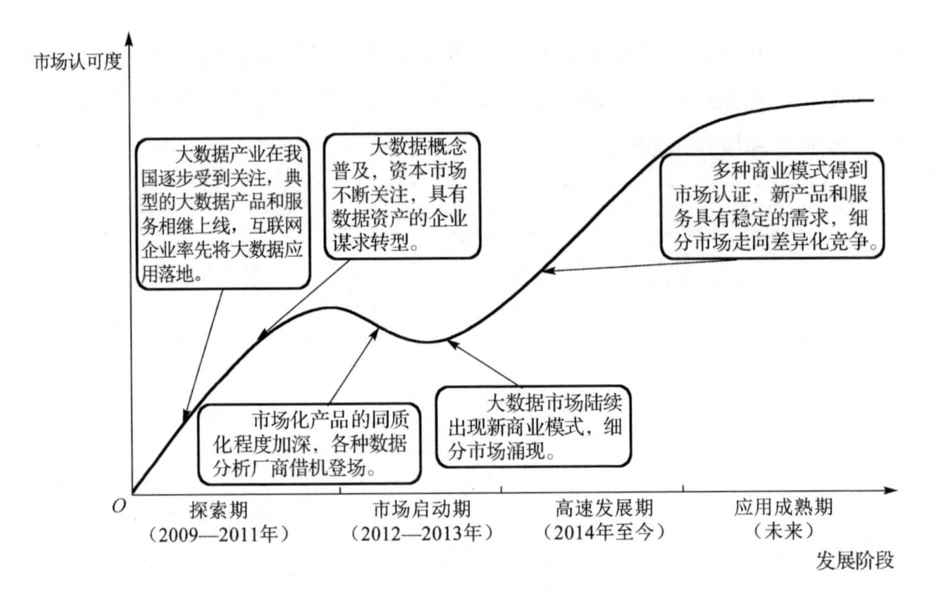

图 10-2　我国大数据产业的发展阶段

相关数据显示，全球大数据产业市场规模在 2020 年已达到万亿美元，其中美国大数据产业市场规模达到 3800 亿美元，远远超过我国。相比欧美发达国家，我国大数据产业尚处于初级阶段，但在国家战略的积极扶持和政策指引下，各地方政府和相关企业高度重视发展大数据产业，使大数据产业保持快速增长趋势。2019 年，我国大数据产业市场规模达到了 8000 亿元，相比 2018 年增长了 29.03%。我国大数据产业在国家政策扶持、资本力量持续进入的有利环境下，将仍然保持飞速发展的势头，预测在未来几年保持 10%以上的增长率，预计到 2023 年我国大数据产业市场规模可达 15700 亿元，比 2019 年翻一番，如图 10-3 所示。

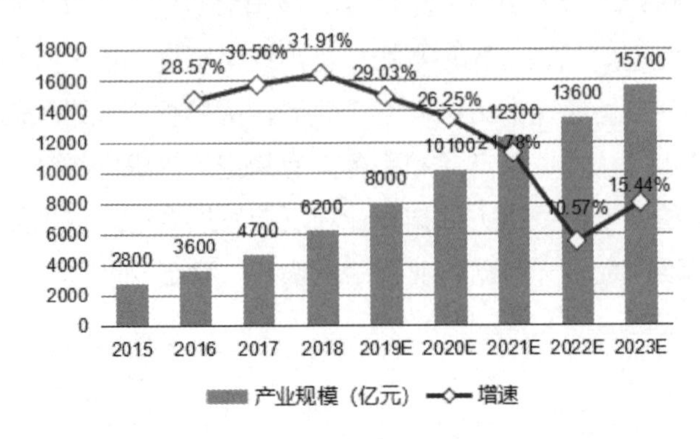

图 10-3　2015—2023 年我国大数据产业市场规模

从产业分类角度看，我国大数据产业市场份额排名前三的分别是行业解决方案、计算分析服务和存储服务，其中行业解决方案最高，其市场份额占全部市场份额的 35.4%，如图 10-4 所示。

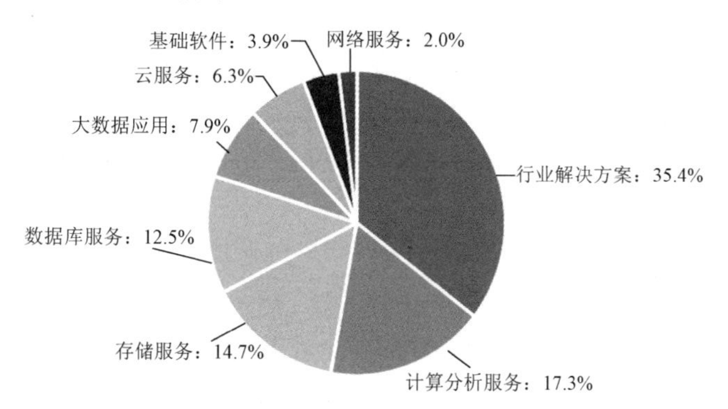

图 10-4　我国大数据产业市场份额

大数据企业大多由以下两类组成：一类是传统 IT 企业，依靠其强大的资源和原始技术积累影响大数据领域；另一类是创新型企业，基于大数据技术和不同市场需求提供创新高效的企业解决方案。在“2019 胡润全球独角兽榜”中，上榜的大数据企业有 18 家，18 家企业的估值合计达到 2720 亿元，如表 10-1 所示。

表 10-1　“2019 胡润全球独角兽榜”中的大数据企业

排　名	企　业	估值（亿元）	国　家
1	Palantir Technologies	1000	美国
2	Snowflake Computing	300	美国
3	Databricks	200	美国
4	Mu Sigma	150	印度
5	天下秀	100	中国
6	盘石股份	100	中国
7	秦淮数据	100	中国
8	Celonis	70	美国
9	Collibra	70	美国
10	DotC United	70	中国
11	集奥聚合	70	中国
12	Health Catalyst	70	美国
13	华云数据	70	中国

续表

排　名	企　业	估值（亿元）	国　家
14	九次方大数据	70	中国
15	零氪科技	70	中国
16	MarkLogic	70	美国
17	腾云天下	70	中国
18	Tresata	70	美国

10.1.2　产业链

大数据的价值由大数据产业链中的多个环节共同体现。通常情况下，大数据产业链由数据标准与规范、数据安全、数据采集、数据存储与管理、数据挖掘与分析、数据运维、数据应用构成，如图 10-5 所示。

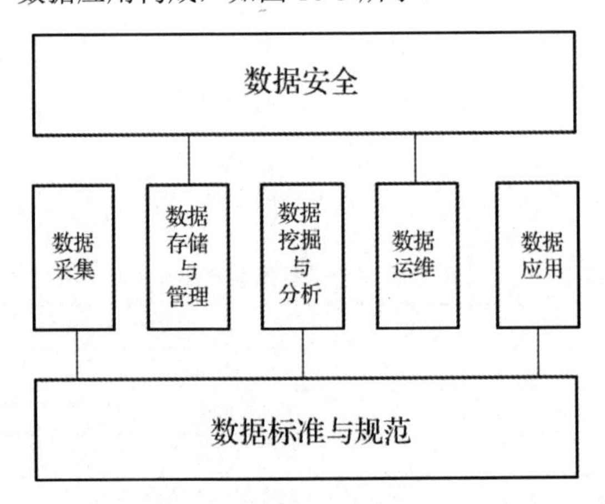

图 10-5　大数据产业链的构成

1. 数据标准与规范

建立完善的数据标准与规范有助于大数据产业的健康发展。数据标准与规范应涵盖数据挖掘、数据分析、数据应用、数据共享等多个方面。大数据产业链标准规范由大数据产业链体系结构标准规范、数据信息格式标准规范、数据信息展示标准规范、大数据产业链组织管理标准规范、大数据产业链安全评估标准规范等组成。大数据产业链标准规范应由各个数据库拥有企业、标准化组织共同协商制定。

2. 数据安全

数据规模呈指数级增长带来了数据安全管理等难题。随着数据规模的增长，数据安全管理的难度也在不断增加。同时，海量数据采用分布式技术分析和处理，也加大了数据安全管理的难度。随着越来越多的数据源交汇融合，海量的私密数据汇聚到了大数据流中，使个人隐私泄露风险剧增。

3. 数据采集

数据采集有多种渠道，除政府部门掌握公众的大量个人数据外，各大互联网企业也拥有大量个人数据。此外，还可以通过编写爬虫程序或接入网站 API 等方法，对相关数据进行采集。

4. 数据存储与管理

对于大数据产业链中的数据存储与管理环节，目前主要由传统数据库企业提供技术支持，国际上主要有 IBM、Inter、Oracle 等企业，国内则主要有华为、中兴、数据堂等企业。各企业针对不同的应用需求，分别开发了各自的数据库架构，对大数据进行存储与管理。

5. 数据挖掘与分析

采集到的原始数据很难直接应用，需要对这些数据进行挖掘与分析，主要的目的如下。

（1）从海量数据中提取计算机系统能够理解、识别的知识。

（2）对隐藏在数据中的信息，如数据要素之间的关系进行挖掘。

目前，成熟的数据挖掘与分析技术主要依托大型数据库企业和科研院所。例如，IBM、微软、谷歌、BAT 等企业均有其独特的数据挖掘与分析技术。对海量数据进行挖掘与分析的技术是整个大数据产业链的核心。图 10-6 所示为数据挖掘与分析技术分类情况。

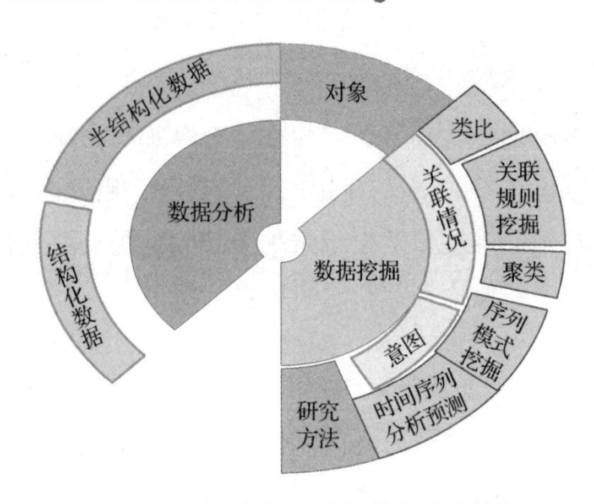

图 10-6　数据挖掘与分析技术分类情况

6. 数据运维

为了保障数据挖掘与分析的顺利开展，获取更多的数据潜在价值，数据挖掘者也负责数据的运维，包括数据的迁移、恢复、修复等。

7. 数据应用

大数据的诞生和发展给传统信息技术行业带来了前所未有的冲击，信息技术体系和产业布局都发生了重大变革。国内以 BAT 为代表的一大批互联网企业纷纷大力发展大数据应用，开发出各自的大数据应用平台，并为用户提供个性化的应用解决方案，在各个领域形成了专业化的大数据应用。

目前，大数据应用的发展已经开始反向促进传统信息技术的创新与突破。在创新过程中，下一步需要明晰大数据模式下的数据挖掘、数据分析、数据共享的特点，明晰数据所有者的权益应该如何保障、大数据的商业模式如何实现等。

对大数据企业而言，仅在整个大数据产业链中布局一两个环节是远远不够的。想要通过大数据开发更广阔的市场，就必须有将整个大数据产业链融会贯通的能力，创造让数据流产生利润的商业模式，只有这样才能在大数据技术驱动背景下的商业变革中占得先机。

10.1.3　商业模式

合理运用大数据可以为相关企业探寻更大的市场空间，重新构建行业架构体系。在大数据产业链中，各个环节均具有不同的业务需求，而新的业务需求也必将造就全新的商业运营模式与盈利方法，最终开创一个全新的商业模式。大数据新型商业模式如图 10-7 所示。

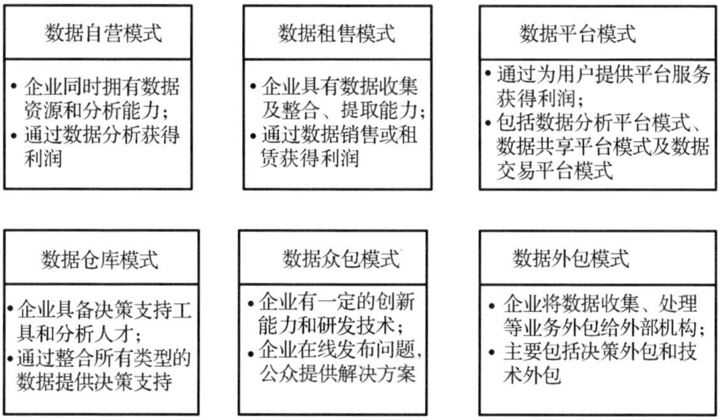

数据自营模式	数据租售模式	数据平台模式
• 企业同时拥有数据资源和分析能力； • 通过数据分析获得利润	• 企业具有数据收集及整合、提取能力； • 通过数据销售或租赁获得利润	• 通过为用户提供平台服务获得利润； • 包括数据分析平台模式、数据共享平台模式及数据交易平台模式

数据仓库模式	数据众包模式	数据外包模式
• 企业具备决策支持工具和分析人才； • 通过整合所有类型的数据提供决策支持	• 企业有一定的创新能力和研发技术； • 企业在线发布问题，公众提供解决方案	• 企业将数据收集、处理等业务外包给外部机构； • 主要包括决策外包和技术外包

图 10-7　大数据新型商业模式

1. 数据自营模式

数据自营模式是指企业本身具备数据挖掘能力，能够收集海量数据，通过数据分析倒逼企业现有业务优化提升，为企业预测未来市场趋势提供合理决策，最终提升企业利润的新型商业模式。

数据自营模式的推广应用需要企业自身满足一定的条件。首先，企业能够自行通过数据挖掘技术收集其内部数据，包括生产产品和内部管理等数据。其次，企业必须拥有相对成熟、先进的数据分析技术，不仅能够对数据进行挖掘，以获取原始海量数据，还能够对数据进行分析处理。最后，企业能够依据数据分析的结果做出科学合理的决策，持续优化现有业务体系，推陈出新，预测未来市场趋势，最终使企业获得高额利润。因此，能够应用数据自营模式的企业大多是综合实力强劲的企业，企业自身技术积累基本涵盖了大数据产业链的各个环节，具有数据挖掘、数据存储、数据分析、数据应用等诸多技术，企业自身便能构成闭环运行的大数据产业链循环。

2. 数据租售模式

数据租售模式是指借助相关平台将已完成预处理的数据租售给用户以获得利润的新型商业模式。该模式要求企业具有较强的数据收集及整合、提取的综合能力，形成完整的数据挖掘、数据分析、价值传递产业链。在数据租售模式下，数据完成增值并可用于交易。它能让企业通过差异化战略提高竞争力，在商业竞争中超越对手。

3．数据平台模式

数据平台模式通过大数据平台实现数据分析、数据共享、数据交易等功能，主要包括以下三种模式。一是数据分析平台模式。该模式能够通过平台为用户提供方便快捷的数据存储、操作、分析服务。用户仅需了解基本的数据分析技术，即可将待分析的数据上传到平台，再利用平台提供的强大的数据分析处理软件进行数据分析。二是数据共享平台模式。搭建这类数据共享平台的企业自身拥有海量数据，可以为用户提供数据资源。数据共享平台还可以开放数据 API，为相关用户提供开发环境，再获得分成利润。只要服务提供商具备过硬的数据挖掘与分析能力，这类平台便能够轻松运行。三是数据交易平台模式。数据提供者与数据需求者可以通过这类平台自由地进行数据交易。该模式需要建立标准规范来确保数据交易能够完成。数据提供者可以上传数据到平台，数据需求者则可以从平台上获取相应的数据。数据平台模式随着技术的发展而不断优化与完善，其未来的发展空间巨大。

4．数据仓库模式

数据仓库模式是指在整合不同类型数据的基础上，为企业提供准确的依据进行科学决策，从而使企业获得更大利润的新型商业模式。采用数据仓库模式的企业，通常拥有先进的决策支持工具和高水平的分析人才，通过为企业提供最佳的决策支持，协助企业完成业务流程的智能化升级，并且监督管理时间、成本和产品质量。数据仓库模式与决策型企业的契合度最高。它能够协助企业迅速做出合理的决策，从而实现企业利润的最大化。

5．数据众包模式

数据众包模式是指相关企业在线发布尚未解决的难题，公众（专业人员或业余人员）为企业提供解决方案，被采纳的人员能够获得相应的回报，且其知识成果归企业所有的新型商业模式。在数据众包模式中，企业从海量用户数据中寻找企业产品的设计灵感，进而为企业寻找最优的产品设计方案。一般情况下，创新型企业适宜采用数据众包模式，其中心是用户产生数据，可通过不同用户的差异性激发其创新潜力。

6. 数据外包模式

在这种模式中，企业采取将数据收集、处理等业务外包给外部机构来完成的策略，重新进行企业资源分配。提供数据外包服务的机构必须具备相关的技术背景，熟练掌握数据挖掘与分析技术，能够为各类企业的决策难题和技术难题提供解决方案。运用数据外包模式能够协助企业缩短决策周期、减少业务流程，最关键的是减少企业运营成本，让企业能够专注于其核心业务，减少其他不必要的成本，提高企业核心竞争力。

10.1.4　应用领域

本节主要从公共服务和企业商业两个方面介绍大数据产业应用领域。

公共服务类大数据应用可以科学合理地支持各类公共服务。在城市建设方面，此类大数据应用能够对城市的气候和地形等自然数据，以及经济发展、文化建设等人文数据进行分析和处理，进而为城市规划决策提供支持；在城市交通方面，此类大数据应用能够对道路交通数据进行实时监控，通过对数据的分析和处理，能够迅速对突发交通状况进行响应，缓解城市交通拥堵难题，保障城市交通的畅通运行；在社会舆论监管方面，此类大数据应用能够通过分析网络关键词语义，提高社会舆论的监管和处理能力，充分掌控社会舆论动态，有效应对网络舆情。

大数据与传统企业相结合催生出诸多企业商业类大数据应用，加速了传统企业运行模式的转型升级，提升了企业竞争力。其中，电信行业和电子商务行业的大数据应用已经较为成熟，有效地提升了此行业企业的运营效率。

大数据产业应用领域分析如图 10-8 所示。

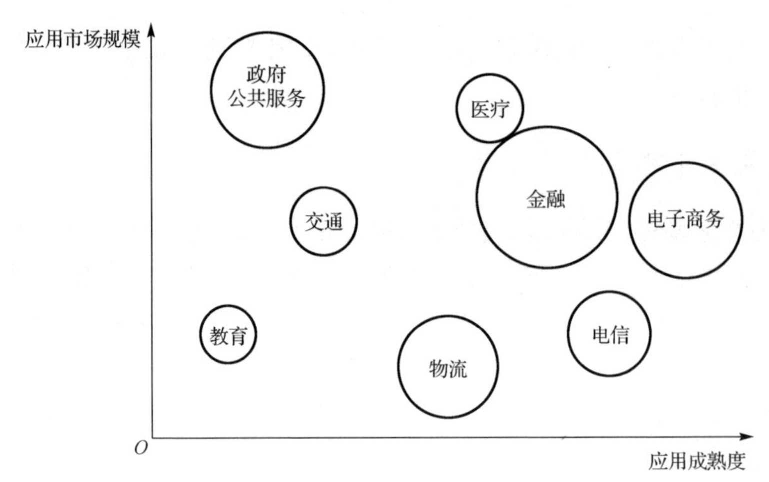

注：图中圆的大小代表市场吸引力的大小。

图 10-8　大数据产业应用领域分析

10.2　数字经济

人类社会的经济形态与科技进步密切相关，科技进步推动了社会的经济转型。在大数据技术的推动下，社会的经济形态已经步入数字经济时代。

10.2.1　数字经济的概念

数字经济是随着移动互联网、大数据等的发展而出现的一种新型经济形态。“数字经济”这一概念源自美国经济学家唐·塔普斯科特在 20 世纪 90 年代撰写的《数字经济：智力互联时代的希望与风险》一书，这也使唐·塔普斯科特被称为“数字经济之父”。随后，美国、欧盟、日本等都根据自己的经济特点对数字经济进行了解读。直到 2016 年的 G20 峰会上，大家才对数字经济形成了统一的认识，即“数字经济是指以使用数字化的知识和信息为关键生产要素、以现代信息网络为重要载体、以信息通信技术的有效使用为效率提升和经济结构优化的重要推动力的一系列经济活动”。

目前，美、英、德、韩、日等国家的数字经济占本国经济的比重已经超过 50%。我国数字经济近年来发展迅速，2002 年我国数字经济仅有 1.22 万亿元，2018 年就增长到 31.29 万亿元，占 GDP 的比重也达到 34.76%，数字经济对 GDP 增长的贡献率也提高到 60%。在新冠肺炎疫情期间，“云办公”“健康码”“在线教育”等技术手段极大地协助了企业的复工复产，为经济的恢复贡献了不小的力量，也掀起了数字经济的新热潮。

10.2.2　数字经济的特点

数字经济和传统经济相比具有以下特点。

1．数据成为重要的生产资料

大数据在经济发展中所起的作用由量变发生质变。从一开始作为与资本、技术等共同推动经济发展的要素，发展为提升工业生产率和决定未来社会生产力发展水平的关键要素，数据已然成为社会经济的重要生产资料，其最终目的是实现经济效率提升和经济结构优化。

2．数字基础设施成为新的基础设施

新的经济模式需要新的基础设施，传统的“铁公基”（铁路、公路、机场等基础设施）为数字经济的发展提供的动能有限。5G、无线网络、互联网、物联网、云计算、数据中心等数字基础设施为数字经济的发展和运行提供了必备条件。

3．人人都需要具备数字素养

人作为经济的参与者，要时刻随着经济的发展提高自己。数字经济对广大劳动者和消费者的数字素养提出了更高的要求，具有较高数字素养的劳动者受到了企业的追捧，移动支付、直播购物等新型商业模式也需要消费者具备相关的数字素养。

4．催生了一批新业态、新产品、新模式

数字经济催生了大数据金融、大数据旅游、数字银行等新业态。例如，在金融领域，各大银行纷纷将传统数据仓库架构改造成大数据平台架构，通过和其他领域交互，获取客户的全方位数据，实现了对客户审核的全面性和高效性，开发

了基于大数据风控的“秒贷”业务。该业务不仅提高了贷款效率，而且扩大了普惠金融的覆盖面，实现了银行和客户的双赢。传统产业借助大数据技术，探索新的经营模式和数字衍生产品，为自身的发展开发了一条新路。例如，传统的印刷品行业可以借助大数据技术衍生出数字印刷品。传统印刷品不仅不容易携带，而且随着时间的流逝会产生损耗；而数字印刷品借助云端可以实现随时随地的读取，同时其质量可以做到“始终如初”。

10.2.3 数字经济的发展

经济社会的数字化转型遵循“数据化—信息化—数字化—智能化”的发展路线。数字经济更需要使用大数据、人工智能等技术来开拓创新相关经济产业和模式。数字经济的最终目标是实现智能化，这不仅是经济目标，也是人类社会的发展目标。

在大数据的助推下，数字经济正在朝着智能化的方向加速发展。利用生产大数据，企业可以实施众包设计、云制造等制造模式，支持相关行业的网络协同制造。商品从设计生产到销售使用，直到最终报废销毁，每个阶段都会产生数据，这些数据是指导商品设计生产的宝贵财富。以往由于技术欠缺，这些数据很难被收集和利用，无法指导企业进行再生产；当前企业有条件使用这笔数据财富，通过分析这些数据，可以挖掘用户的准确需求，定位生产过程中的关键环节和技术，实现“用户需要什么，企业就制造什么”。例如，有些企业根据产业数据，制订个性化方案，采用柔性制造模式，大幅缩减了产品的研制交付周期，降低了企业的运营成本，提高了产品合格率和企业产能。

5G、机器学习、区块链等新技术越发成熟，正在大力推动大数据向经济社会各行各业渗透，加速行业转型升级，创新商业模式，引领数字经济走向新的发展阶段。

10.3 “新基建”之数据中心

基础设施是经济发展的基础，不同的经济时代因其产业性质的差别导致基础设施有所不同，传统基础设施以铁路、公路、机场为主。随着数字经济的蓬勃发展，社会迫切需要建设支撑经济发展的新型基础设施。在以数据为生产资料的数字经济中，所有围绕数据的产生、传播、存储、分析、应用的设备都可以称为新型基础设施，其中数据中心就是典型的新型基础设施。“新基建”组成图如图 10-9 所示。

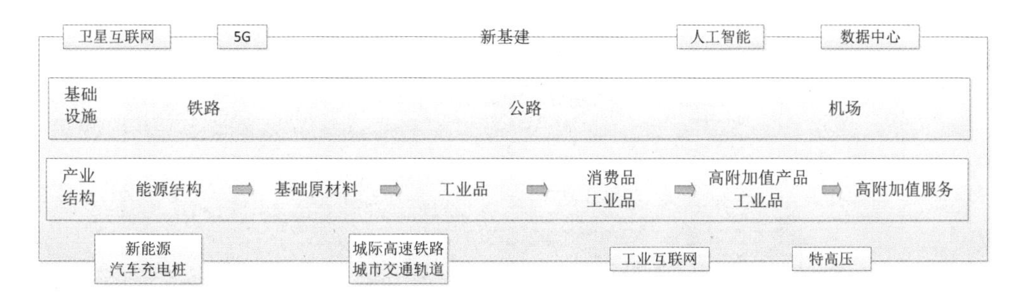

图 10-9 “新基建”组成图

10.3.1　数据中心的概念

早期的数据中心仅指互联网数据中心（Internet Data Center，IDC）。在数字经济时代，数据成为生产要素，数据中心的概念也得到了相应的拓展。数据中心是指以数据为基本管理对象，包含 IDC、云计算、人工智能等新技术，集数据、算力、算法三要素于一身的数据基础设施。

数据中心使人们的世界进入一个看不见的信息世界中，它已经和交通、网络通信一样逐渐成为现代社会基础设施的一部分。数据中心产业链可以分为三层：上游主要包括各种设备商，这些设备包括 IT 设备、软件设备、电力设备，而政府作为数据中心土地的提供者，也属于设备商；中游包括三大电信运营商、第三方 IDC 厂商、云服务厂商等，为数据中心的集成和运维提供相关服务；下游是数据中心服务的各种用户，有企业和政府机关等。数据中心的价值体现在下游的用户上，因此用户需求的变化决定了数据中心产业链的未来走势。

数据中心企业图如图 10-10 所示。

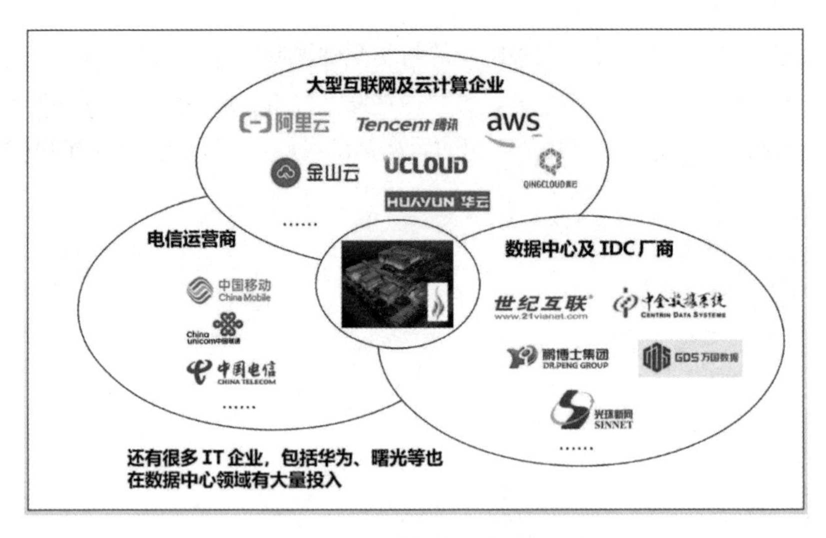

图 10-10　数据中心企业图

在数字经济时代，企业间的交流和合作都是依赖数据中心中的数据资源进行的。例如，通过电子商务和物流企业间的数据交流与共享，消费者在购物软件上购买某商品后，可以实时查看该商品的物流信息。数据中心不仅可以提高企业的生产效率和产能，还可以加速企业的升级变革。数据中心在企业发展中的战略地位日益显著，已经成为企业发展的战略重点。

数据中心包含网络设备、存储设备、计算设备等。传统的数据中心上运行的应用相互独立，需要为这些应用配备独立的操作系统，这些“孤岛”式的应用为数据中心的扩展带来了难度，也提高了管理和运营成本。用户和应用增长了，就需要增加相应的设备，从而增加投资成本和资源消耗。据统计，数据中心的大部分预算都花在了对设备资源的维护上。

各个企业间的数据格式不一致限制了数据的共享，同时每个企业都构建自己的数据中心也会造成资源浪费。对有些小型企业而言，构建数据中心的代价太大，而企业又需要数据中心的支持，因此数据中心集中化是未来的趋势。企业只需要关注对自身生产数据的收集和管理，将数据统一存放到国家大数据中心或某个区域大数据中心，再应用云计算服务开发自己的应用即可。这样企业不需要大量投入，也能实现数据的高效管理与应用，兼具高效性和经济性。目前，我国的大数据中心由中心基地、南方基地和北方基地构成。中心基地位于北京；南方基地位于贵州，肩负容灾备份功能；北方基地位于内蒙古乌兰察布，也是国家大数据容灾备份中心。同时，贵州还兴建了多个数据中心，既有中国移动、中国联通、中国电信、华为等大型企业构建的数据中心，也有专业企业构建的第三方数据中心。选择在贵州和乌兰察布构建数据中心，是因为它们具有丰富的电力资源。

10.3.2　数据中心的特点

数据中心成为新型基础设施是数字经济的重要特征及必备要素。它具有以下特点。

1．模块化构建

就像传统基础设施在构建时要着眼未来 10～20 年的需求一样，数据中心的构建也要满足动态的信息处理需求，这就要求数据中心必须具有伸缩性。但前期为了不造成设备浪费，一边建设一边使用是最好的方法。因此，模块化构建是目前最好的选择，还可以提高其可靠性。

2．标准化实施

当前运营商的数据中心均采用统一的标准建设，特别是在数据中心的网络、机电、给排水等方面，都有一套统一的标准。使用统一的标准建设，不仅可以保证质量，还可以实现项目建设经验的重复利用，便于数据中心的扩展和迁移。

3．集中化管理

在数据中心中，为了合理管理资源，传统的 IT 设备和普通的基础设施要统一管理。例如，如果机柜的制冷能力不足，即使它还有冗余的计算能力，也不能给它分配资源，此时要综合考虑机柜的制冷能力和计算能力，统一管理是最好的选择。

10.3.3　数据中心的发展

随着人工智能、5G 等新技术的成熟应用，数据中心也迎来了一个新的发展时期，未来数据中心将向边缘化和智能化方向发展。

和数据中心集中化的趋势相对应的是，其数据的使用者越来越分散。特别是在新冠肺炎疫情期间，很多企业都开展网络办公，员工分散在各自的家中，这就对数据中心的处理时延提出了更高的要求，也促使研究人员不断研发数据中心的相关新技术。将数据中心云扩展到“本地边缘”就是一个不错的解决方案，即将业务下沉和拓展到更接近终端的用户，从而在其现有系统和云系统中使用相同的工具、软件和硬件，以实现对用户体验的统一。

数据中心内有许多计算机设备及环境保障设备（如 UPS、机房专用空调等），必须对这些设备运行数据进行实时监控，以保证数据中心的正常运作。通过对设备运行数据的实时监控，借助建立的智能系统，可以实现无人化值班，能及时发现设备问题并进行智能维护，从而减少维护人员的任务量。

随着经济转型的发展，数据中心在经济社会中的作用越来越重要。未来的数据中心要具备良好的扩展性、较快的访问和处理速度、较高的安全性及维护管理的简单便捷性。

第 11 章

大数据的未来——异彩纷呈

大数据浪潮以摧枯拉朽之势滚滚而来，颠覆各行各业和经济民生，创新数字化转型。在政府部门的引领和产业的推动下，在可预见的未来，大数据思维必将成为构建“大服务”、解决新时代“大问题”的“金钥匙”。

11.1 “大”字当头

11.1.1 大问题

社会进步的同时为人类带来了“大问题”挑战。大问题是指现象背后之统一规律，且与人类生存、生产、生活息息相关的问题。它看似简单实则困难，每个大问题都是包罗万象、超越常识的问题。解决大问题的困难之处在于人们无法为其制定一个清晰的求解策略。有时人们知道如何去做，但无法付诸行动；有时人们即使知道该做什么，也有可能做到，但无法有效地组织实施并高效地完成任务。

进一步究其原因，大问题具有一些特性，包括问题的规模、动态性、复杂性及出错的代价。规模和可负担性相关，动态性和时间压力相关，复杂性和不确定性相关，出错的代价和风险相关。另外，这四个特性之间也是相互关联的。健壮的网络环境、泛在数据和新型组织形式既影响到问题的难度，同时也受其影响。一方面，这四个特性中的任何一个都使问题变得越来越富有挑战；另一方面，这四个特性中的任何一个都为企业适应变化提供了机会，使其能更好地应对与大问题相关的种种挑战。

这四个特性使大问题的解决愈加困难。大数据是一种具备更强的决策力、洞察力和流程优化能力的信息资产，带来了技术上的革新、手段上的丰富、思维上的颠覆，为大问题的解决提供了一种新的途径。

11.1.2 大数据

大数据对应小数据而存在。小数据表示局部、单一的传统样本数据，以及以单个对象为中心的数据采集、管理、分析和可视化，其特点在于面向单个对象，聚焦挖掘深度数据，对单个对象的数据进行全方位、全时段的分析与处理。小数据时代的传统思维模式，关注思维的精确性和事物之间的因果关联，一定程度上可以认为是信息缺乏的必然产物。然而，大数据与小数据之间并无严格的界限，在发展数字化、智能化的道路上，小数据的共享、挖掘、安全等问题还没有得到很好的解决，大数据又提出了新的挑战。因此，在数据资源的利用上，不能抓“大”放“小”、盲目跟风，对大数据创新应用的期望值不宜过高，更不能减少对小数据创新应用的研究。

大数据的存在不是孤立的，它将推动云计算、物联网、人工智能等新一代信息技术的协同创新与深度融合，牵引人类社会技术、产业发展进入一个更为广阔的空间。若将以移动互联网为核心的物联网类比为人体，那么物联网的终端相当于人体的四肢和五官，它能将末端传感器收集的数据（文字、音频、视频和图像等）传输给互联网（大脑），互联网设备产生的指令再通过互联网传输给各种办公设备等，指挥其进行一系列的行动；大数据则相当于人体的记忆系统，它源源不断地接收由物联网终端传输的数据，并将其存储在各类服务器中；网络则相当于人体的神经系统，它提供了供信息流转的载体和通道；云计算和人工智能则相当于人的理智和逻辑推理能力，它们依赖于存储的大量数据，按照某种逻辑进行判断，进而进行决策。随着大数据技术的持续演进及大数据产业的多元化发展，大数据经济的规模化进程不断推进，未来大数据将推动人类社会进入一个更广阔的“大”空间。云存储可解决大数据的大规模存储问题，高性能算力加速了大数据处理的实时化进程，移动互联网推动了大数据应用的泛在化。

如果说互联网传递的是信息，那么区块链传递的就是信任和价值。因此，区块链被视为“下一代互联网”。大数据与区块链是两种截然不同的新兴技术，但是它们存在很大的结合空间。区块链的本质是一种去中心化的分布式账本，可以理解为一种不可篡改的、全历史的分布式数据库存储技术，因此区块链技术的可信任性、安全性和不可篡改性从根本上保证了大数据的安全；而大数据的海量存储技术和灵活高效的分析技术，能够极大地提升区块链中数据的价值，拓展其使用空间。

11.1.3　大服务

“云物大智移”等新一代信息技术的广泛应用，以及各行各业数字化转型的加速，使企业对服务内容、服务体验、服务质量等的要求越来越高。智能化时代的到来，使数字化转型服务提供商已不能单纯靠提供硬件设施和网络运维服务等传统运营模式生存，包括咨询规划、解决方案、运维服务等在内的一站式服务成为新型企业的标配。各行业必须转变服务理念，强化服务措施，从服务的质量、手段、内容、态度和环境等方面入手，狠抓服务内核，形成“大服务”的格局，只有这样才能在大数据时代保持长盛不衰。

“大服务”涵盖企业注册、咨询、规划、设计、建设、运营和注销的全生命周期。大数据“沙海淘金”式的对于数据的挖掘和提取，恰恰为“大服务”的开展提供了底层数据支撑。借助于大数据，在“大服务”理念下，企业通过与生态伙伴共同提升服务品质，更好地服务于迫切需要数字化转型的客户。

11.2　经济发展趋势

全球经济数据量与日俱增，呈现出指数级增长趋势，大数据产业发展浪潮席卷全球，遍布人类生产生活的方方面面，其市场规模同样呈现出迅猛扩大的趋势。

据 Wikibon 统计，2020 年至 2025 年，大数据增长率将出现小幅放缓趋势，维持在 10%至 15%之间。据此推测，2025 年全球大数据硬件、软件和服务整体市场规模将达到 920 亿美元。

在“新基建”逐步完备的背景下，大数据发展的主方向将是针对数据的处理分析及商业智能工具。大数据在各行各业的普及，带来了大量的行业大数据处理分析应用需求。未来，“预打包”将是面向行业及业务流程的大数据处理分析应用的主要形式。对于提供商而言，这将是规模巨大的市场空间，新的细分市场将随大数据技术的发展应运而生。例如，针对网络社交平台的数据专项分析、建立在基础数据处理分析之上的高级服务等。

大数据将引领数字经济进入快车道。一方面面向政务服务，包括政府内部行政服务及政府项目服务；另一方面面向民生服务。大数据仅仅是一项技术，技术只有最终与业务结合才能发挥效用。近年来，“新型智慧城市”受到高度重视，并被提上政府工作议程。在“智慧城市大脑”建设中，大数据技术多用于城市的科学智能管理，如监控管理、行政服务、办事大厅的处理效能提升和流程优化等。

未来，需要重点在以下几个方面强化大数据在经济建设中的作用。一是加强大数据在经济发展中的安全保障。数据采集流程的规范性尚待进一步加强，信息泄露、盗用等安全问题时有发生，因此与数据安全隐私保护相关的法律法规需要进一步研究、完善并落地实施。二是加快产业互联网发展，做好产业互联网安全保障工作，搭建起政府、企业、服务机构等多方协同联动的安全治理机制框架；强化与国际企业的交流合作，深化全球命运共同体理念，加快推动开放型世界经济的发展。三是健全大数据法律法规与行业制度。由于用户个人信息安全、数据安全、数据立法等工作相对滞后，一定程度上造成了当下数字经济规模与基础设施建设不匹配的矛盾，为产业长远、健康发展带来影响。

11.3 科技发展趋势

2021 年 5 月的两院院士大会重点强调，要加强原创性、引领性科技攻关，坚决打赢关键核心技术攻坚战。基础研究要勇于探索、突出原创，拓展认识自然的边界，开辟新的认知疆域。

人类对技术的作用可以划分为三重境界：使用、改造、创造。其中，最高境界——创造技术，不是空中楼阁，必须构建在长期且坚实的基础研究之上。基础研究工作的好坏决定了科技创新能否实现及创新质量高低，基础研究给科技创新带来的影响将是根本性、颠覆性的。而大数据在原始创新、应用创新、集成创新中有着举足轻重、不可或缺的作用。

在原始创新领域，由于大数据的基础是统计，因此对数据的分析和统计等基础工作的要求更高，这必然为统计方法带来变革，大数据有逐渐取代原有统计方法成为现代新型统计方法的趋势。原有统计方法主要基于抽样调查、重点调查及普查来采集数据，虽然保证了数据从源头上报，但由于数据采集的周期和方法的局限，数据还不够丰富和多元。而大数据由于其种类、总量、速度的独有特性及可挖掘性，为统计工作带来了根本性、颠覆性的转变。

在应用创新领域，大数据的开发和利用起源于互联网，逐步渗透到涉及数据采集处理、交易流通和开发利用的各个行业，加速向零售、金融、电信、政府、医疗保健、生产制造、交通运输、物流和能源等传统行业发展。近年来，我国大数据技术演进和应用创新加速发展，传统行业积极探索和布局大数据应用，继续推动大数据在各行业的融合和深化。

在集成创新领域，当前，我国大数据自主创新和开源共享相结合，与云计算、物联网、人工智能等新一代信息技术深度融合，呈现快速迭代的发展趋势，正处于创新驱动和深化应用的关键发展阶段。

在由“数据大国”向“数据强国”转型的过程中，未来，大数据与人工智能的深度融合将是大势所趋，两者将相辅相成构建数据智能体系，与数字经济共同构成“一体两翼”，驱动数字经济迅猛腾飞。与前几次人工智能浪潮显著不同，新一代人工智能是在大数据基础上的人工智能，大数据是人工智能的根基和能量之源，没有大数据做支撑，人工智能将无从谈起也必将成为无源之水、无根之木。因此，大数据的发展必将为新一代人工智能的再次“振翅高飞”赋能、助力。

在人类历史的长河中，科技进步最终无不落脚于服务人类生活。“智能+大数据”渗透到人类生活中的范围越广，其对人类生活的改变也必将越显著。大数据技术的一日千里，让新一代人工智能的创新箭在弦上，也必将呈现蓬勃之势。

11.4　产业发展趋势

产业的发展离不开市场需求，旺盛的市场需求是产业发展的强大牵引与生存保障。市场对大数据产业的需求主要来自四个方面：一是 IT 企业，它由以往被动接收用户数据的方式转变为主动挖掘模式；二是对数据依赖性较强的企业，如银行、证券、信托/保险等企业通常需要数据的保鲜；三是潜在的大数据用户，主要包括政府部门和医疗行业企业等；四是数据驱动型企业，“数据驱动型决策”模式正在各行各业中得到越来越广泛的实际应用。

大数据产业凭借其开源、共享、开放的特性，不断实现产业的创新发展。庞大的社会资源在大数据产业的牵引和带动下，在大数据应用的驱使下，持续创新突破，逐渐开发出多样化的新型商业模式，形成层次丰富的大数据产业格局，构建出健康的大数据生态体系。

1. 开源众创助推产业发展

在数据处理分析领域，由于闭源软件日渐萎缩，老牌 IT 厂商不得不寻求突破，逐渐由闭源模式向开源模式转变，致力于提升系统的动态集成能力，引导普通用户向开源及面向云的处理分析产品靠拢。通过建立开源共享的大数据技术交流平台，吸引全世界开发人员广泛聚集，大力推动大数据技术发展进程。

2. 数据要素网聚资源、持续赋能

众多数据资源汇聚于大数据产业，使知识密集成为大数据产业的重要特征，知识赋予了人们基于大数据的分析预测和精准决策能力；资本市场持续不断地为大数据产业投入资源、注入资本，各类金融资源向大数据产业持续汇聚，为大数据产业注入了持续发展的强劲动力。

3. 大数据中心支撑“新经济”和“新基建”

“新经济”是以创新性知识和创意产业为核心和主导的智慧经济形态；与“新经济”遥相呼应，“新基建”则立足于高新科技（5G、大数据、人工智能、工业互联网等）进行新一代网络信息建设。而大数据中心为“新经济”和“新基建”等的高质量发展提供了坚实的“数字底座”。

11.5 未来已来，将至已至

数字化、网络化、智能化是新一轮科技革命的突出特征，也是新一代信息技术的核心。而大数据是数字化、网络化、智能化的重要支撑。

习近平总书记强调“大数据发展日新月异，我们应该审时度势、精心谋划、超前布局、力争主动”。进入新时代，大数据呈现出跨界融合、数据赋能等许多新特点，新一代信息技术创新的代际周期大幅压缩，创新活力、集聚效应和应用潜能裂变式释放，快速、广泛、深入地引发了新一轮科技革命和产业变革。

美国数学家、信息论创始人香农说："物质、能量、信息是客观世界的三要素。"哈佛大学政策信息学教授欧廷格说："没有物质，什么都不存在；没有能量，什么都不会发生；没有信息，任何事物都没有意义。"在大数据时代，必须运用大数据思维与视角重新审视人类社会，"物质""能量""信息"将被赋予新的内涵与外延，从而深刻影响甚至改变人类的思维、认知、行为方式。

在大数据时代，必须抛弃孤立思维，坚持哲学思维、赋能思维、模型思维、计算思维，从事物普遍联系的角度分析问题。大数据最大的魅力是用大量看似毫不相关的数据解决更不相关的问题。在大数据时代，有关和无关的界限已经被打破，数据就像洪水一样淹没了原本分隔的孤岛，因此数据分析所产生的结论也往往出人意料。如果未来可以利用大数据技术实现多学科、多领域融合，也许可以改变原有的科学研究方法，由此产生意想不到的神奇结果。

第四次工业革命正在以摧枯拉朽之势改造着世界。海量数据在"模型+算法"的助力下，可以实现数据赋能甚至精准滴灌。世界是物质的，物质是运动的，只要有运动，就有数据。在大数据时代，应该时时刻刻将大数据思维渗透到人类生活的方方面面，说话靠数据，决策依赖于数据，管理用数据，创新依托于数据。

在大数据时代，人类第一次有机会使用全面、完整、系统的数据资源。麻省理工学院的布伦乔尔森教授形象地说："显微镜的出现将人类对自然界的观测推进到了'细胞'级别，而大数据将是观测人类自身的'显微镜'和监测自然的'仪表盘'。"采样是传统的数据分析方式，采样可抓取到一定的数据特征，即所谓的"见微知著"，而依赖大数据技术可以做到倾听每个个体的声音。有了科学的大数据分析方法，就可以把对事物的有限认识上升为系统认识，把有限理性上升为真正理性。

19 世纪英国伟大的作家狄更斯说：

这是一个最好的时代，这是一个最坏的时代；

这是一个智慧的年代，这是一个愚蠢的年代；

这是一个信任的时期，这是一个怀疑的时期；

这是一个光明的季节，这是一个黑暗的季节；

这是希望之春，这是失望之冬；

人们面前应有尽有，人们面前一无所有；

人们正踏上天堂之路，人们正走向地狱之门。

大数据给我们这个时代的发展注入了新鲜血液，提供了强劲动力。然而，大数据并不是万能的，小到篡改个人隐私数据、企业数据，大到窃取国家机密，每时每刻都在给我们敲响警钟。我们需要用辩证的观点认识大数据、分析大数据、利用大数据，真正做到大数据“为我所用”。

未来已来，将至已至。大数据如同一个有力的杠杆，可以撬动世界，为人类社会发展提供美好的前景。美国未来学家阿尔文·托夫勒曾断言：“掌握信息、控制网络之人将掌控整个世界。”大数据为当今时代赋予了新的内涵和意义，这将是一个前所未有的时代。

参考文献

[1] 邬贺铨. 大数据思维[J]. 科学与社会，2014，4（1）：1-13.

[2] 王露，等. 大数据领导干部读本[M]. 北京：人民出版社，2015.

[3] 邬贺铨. 大数据时代的机遇与挑战[J]. 求是，2013（04）：47-49.

[4] 车品觉. 决战大数据[M]. 杭州：浙江人民出版社，2016.

[5] 大数据战略重点实验室. DT 时代：从“互联网+”到“大数据×”[M]. 北京：中信出版社，2015.

[6] 李德伟，顾煌王，海平，等. 大数据改变世界[M]. 北京：电子工业出版社，2013.

[7] 赵国栋，易欢欢，糜万军，等. 大数据时代的历史机遇：产业变革与数据科学[M]. 北京：清华大学出版社，2013.

[8] 涂子沛. 数据之巅：大数据革命、历史、现实与未来[M]. 北京：中信出版社，2014.

[9] 陆茜.“互联网+”与“大数据×”：新时代国家治理能力现代化的战略引擎[J]. 领导科学，2019（08）：38-41.

[10] 黄宜华. 深入理解大数据：大数据处理与编程实践[M]. 北京：机械工业出版社，2014.

[11] 张兰廷. 大数据的社会价值与战略选择[D]. 北京：中共中央党校，2014.

[12] 邓子云，杨子武. 发达国家大数据产业发展战略与启示[J]. 科技和产业，2017，17(6)：8-13.

[13] 李月，侯卫真，李琳琳. 我国地方政府大数据战略研究[J]. 情报理论与实践，2017.

[14] 张影强，张大璐，梁鹏. 发达国家推进大数据战略的经验与启示[C]. 国际经济分析与展望（2017—2018），2018.

[15] 中国国际经济交流中心大数据战略课题组，张影强，张大璐，等. 发达国家如何布局大数据战略[J]. 中国经济报告，2018（1）：87-89.

[16] 张勇进，王璟璇. 主要发达国家大数据政策比较研究[J]. 中国行政管理，2014（12）.

[17] 维克托·迈尔-舍恩伯格，肯尼思·库克耶. 大数据时代：生活、工作与思维的大变革[M]. 盛杨燕，周涛，译. 杭州：浙江人民出版社，2013.

[18] Etzion D，A Correa J A. Big data management and sustainability： strategic opportunities ahead[J]. Organization and Environment，2016（2）：147.

[19] 段云峰，秦晓飞. 大数据的互联网思维[M]. 北京：电子工业出版社，2015.

[20] 王婷. 贵州发展大数据产业的比较优势研究[D]. 贵阳：贵州财经大学，2016.

[21] 朝乐门，马广惠，路海娟. 我国大数据产业的特征分析与政策建议[J]. 情报理论与实践，2016，39（10）：5-10.

[22] 中国连锁编辑部. 中国大数据产业发展现状报告[J]. 中国连锁，2017（2）：79-81.

[23] 刘迎霜. 大数据时代个人信息保护再思考——以大数据产业发展之公共福利为视角[J].

社会科学，2019（03）：100-109.
[24] 吴信东，嵇圣硙. MapReduce 与 Spark 用于大数据分析之比较[J]. 软件学报，2018，29（6）：260-281.
[25] 吕登龙，朱诗兵. 大数据及其体系架构与关键技术综述[J]. 装备学院学报，2017，28（1）：86-96.
[26] 孔钦，叶长青，孙赟. 大数据下数据预处理方法研究[J]. 计算机技术与发展，2018，28（05）：1-4.
[27] 陈炜. 基于大数据技术的用户行为分析系统的研究[D]. 西安：西安科技大学，2018.
[28] 马友忠，张智辉，林春杰. 大数据相似性连接查询技术研究进展[J]. 计算机应用，2018，38（4）：978-986.
[29] 杨永斌，李笑扬. 基于大数据技术的智能交通管理与应用研究[J]. 重庆工商大学学报：自然科学版，2019，36（02）：73-79.
[30] 杨琪，刘冬梅. 交通运输大数据应用进展[J]. 科技导报，2019（06）：66-72.
[31] Li Z，Fei R Y，Wang Y，et al. Big data analytics in intelligent transportation systems： a survey[J]. IEEE Transactions on Intelligent Transportation Systems，2018（99）：1-16.
[32] 王一鹤，杨飞，王卷乐，等. 农业大数据研究与应用进展[J]. 中国农业信息，2018，30（04）：48-56.
[33] 王丽娟，信丽媛，贾宝红，等. 农业大数据平台的研究进展与应用现状[J]. 天津农业科学，2018，24（10）：10-12，21.
[34] 赵冰，毛克彪，蔡玉林，等. 农业大数据关键技术及应用进展[J]. 中国农业信息，2018，30（06）：25-34.
[35] 杨治坤. 大数据背景下政府治理变革之道[J/OL]. 江汉大学学报：社会科学版，2019（02）：32-41，124-125.
[36] 和军，谢思.基于大数据的政府监管能力：区域比较与提升重点[J]. 经济体制改革，2019（02）：13-19.
[37] 李刚. 积极推进公安大数据战略[N]. 人民公安报，2019-03-16（004）.
[38] 刘翔，彭成. 警务大数据关键技术研究及多轨联侦应用探索[J]. 中国安全防范技术与应用，2018（04）：66-71.
[39] 鲍晓燕. 深化大数据警务建设路径的思考[J]. 北京警察学院学报，2018（05）：51-54.
[40] 舒影岚，陈艳萍，吉臻宇，等. 健康医疗大数据研究进展[J]. 中国医学装备，2019，16（01）：143-147.
[41] 王振兴，韩伊静，李云新. 大数据背景下社会治理现代化：解读、困境与路径[J].电子政务，2019（04）：84-92.
[42] 傅志华. 大数据时代面临的七个挑战和八大趋势[J]. 大数据时代，2018，17（8）：12-21.